米の価格・需給と水田農業の課題

「減反」廃止への対応

北出 俊昭

筑波書房

はしがき

政府は２０１８年を目途に「減反」を廃止することとし、現在そのための対策が進められている。この「減反」廃止はわが国におけるこれまでの米政策の理念と推進方策を根本的に転換するもので、今後の米の価格・需給だけでなく水田農業と国民食料の安定供給にも直接影響を及ぼすことは明らかである。現在この政策転換に如何に対応するかが問われているが、本書はそのため米が直面している諸問題の現状と課題について検討したものである。

その際重視したことの一つは、可能な限りこれまでの政策内容やその後の経過を示し、それを踏まえながら現在の政策課題を検討したことである。その理由は米政策はわが国の農政の最重要課題であったため、そこにはその時々の国としての政策的意図が反映されているので、今後の政策策定・推進を考えるうえでも「時代の変化」だけでは済ますことができない貴重な歴史的実態がそこにあると思うからである。

いま一つは現在グローバル化を理由に米政策でも市場開放にも耐えうる国際競争力強化を唯一の方向として重視する意見があるが、本書ではこうした国際的な「画一化」ではなく、わが国の農業、とくに水田農業にはヨーロッパ農業とは異なった風土的特徴があるので、米政策でもその「日本的特徴」を認識した政策を重視したことである。

周知のように近年国政では官邸主導によるトップダウン体制が強化されているが、農業政策でも同様で生産者・地域の意向が反映され難い状況が強まっている。これを地域本位・国民本位に改革することが国政上の国民的な課題となっているが、そのためには地域からの生産者・住民自身による主権者としての取り組み強化が不可欠である。米政策の今後の展開で地域での自主的・主体的な取り組みや農協組織が本来の協同組合として活動することの重要性を強調したのもそのためである。

いずれにしても本書は政策の根本的な転換期に際し、米生産と水田農業の健全な発展を期待し執筆したものである。農業団体・行政関係者およびジャーナリストや研究者の方からの率直なご批判をいただければ幸である。

なお、最後になったが厳しい出版事情にもかかわらずこの小著を出版していただいた筑波書房の鶴見治彦社長に心より感謝申し上げたい。

２０１６年８月　著者

目　次

米の価格・需給と水田農業の課題

「減反」廃止への対応

第1章　米価動向と米生産の所得問題

第1節　生産者販売価格と米生産の収益性

食管法は生産者が政府に販売する価格である政府買入価格は「米の再生産を確保することを旨として定める」とされていたため、生産者販売価格の変動と生産費からの乖離は相対的に小さかった。しかし食管法が廃止され食糧法になると、生産者販売価格は米の需給事情により変動することになったが、その最近の動向を示したのが**表1－1**である（経営費および純収益、所得は筆者が試算。以下同じ）。

この表でまず指摘したいことは、生産者販売価格の相対価格と粗収益の相違である。いうまでもなく相対価格は全農などの出荷団体と卸売業者が相対で決定した取引契約価格であるが、ここで示した粗収益は生産費調査の主産物価格であ

表 1-1　米の販売価格と生産コストの年次別動向

（単位：円/60kg、%）

年産	生産者販売価格		生産コスト		収益		収益性	
	相対価格（主食用）	粗収益 ①	全算入生産費 ②	経営費 ③	純収益 ④=①－②	所得 ⑤=①－③	コスト比率 ②÷①	所得率 ⑤÷①
2000年	17,096	13,937	17,898	8,962	▲3,961	4,975	128.4	35.7
2005	16,048	13,047	16,750	9,300	▲3,703	3,747	128.4	28.7
2010	12,711	11,114	16,594	10,347	▲5,480	767	149.3	6.9
2011	15,215	13,281	16,001	9,985	▲2,720	3,296	120.5	24.8
2012	16,501	14,321	15,957	10,188	▲1,636	4,133	111.4	28.9
2013	14,459	12,632	15,229	9,539	▲2,597	3,093	120.6	24.5
2014	11,979	10,551	15,416	9,819	▲4,865	732	146.1	6.9

（資料）「米をめぐる関係資料」および「米生産費調査」（いずれも農林水産省）

る。この主産物価格は生産費調査では市場における生産者の手取価格から出荷経費などを差し引いた農家庭先価格とされているので、当然のことながら相対価格を下回ることになる。現在、生産費と比較する場合、米価は普通相対価格が使用されているが、生産者からいえばこの粗収益との対比が実態に即しているのである。

このことを前提に生産者販売価格を見ると相対価格、粗収益とも近年低下傾向を強め、米生産の収益性が悪化していることが指摘できる。ここで示した生産コストは全算入生産費と経営費に区別しているが、このうち全算入生産費は文字通り米生産に投下されたすべての費用の総合計であるが、経営費はこの全算入生産費から家族労働費、自己資本利子、自作地地代を差し引いたものである。したがって表で示した純収益は生産者の手取額から投下費用の総合計を差し引いたもので、生産者の手元に残った経営者利潤を示しているが、所得はそれに実質的な支出のない家族労働費、自己資本利子、自作地地代の評価額を合計した総合収入ということができる。

そこで表を見ると各年産とも純収益はマイナスで所得はプラスとなっているが、最近純収益のマイナスが著しく拡大するとともに、２０１４年産米価格が大幅に下落したためプラスの所得すら７３２円にまで低下しているのである。いうまでもなく純収益のマイナスが拡大していることは米生産による経営者利潤がマイナスであることを意味しているので、普通の経営体ではその維持・存続が困難になっていることを示しており、所得すらほとんど確保できなくなっていることは米生産が危機的状況にあるということもできるのである。その根本原因は米価下落にあるのはいうまでもない。

ここで米生産においてとくに所得確保すら困難になっていることの意味を明らかにしておく必要がある。前述したように、所得は家族労働費、自己資本利子、自作地地代の見積評価額を生産費に含めずに算定されるもので、利潤原理ではなく経営と家計が未分離の「家族労作経営」論理に即した収益概念である。いうまでもなくこの三つの費用は外部支払いがなく見積もり評価するだけなので、例えば生産者自らの意向で家族労働を低く評価すれば経営は計算上維持されることになる。

これは「自己搾取」による経営維持ともいわれているが、周知のようにこの「自己搾取」はロシアの農業経済学者であるチャアノフが19世紀における自国の小農を分析し、農産物価格低下などによる経営不況を労働強化や生活費の引き下げでカバーしている実態を表現したもので、大規模経営に対する小農の強靭性を示す概念であった。「搾取」自体は本来的には資本主義的企業における経済的な支配関係の下で成り立つものなので、「自己搾取」は論理的にも矛盾した概念であり、したがって米生産の維持をそうした論理に求めることはできない。

ただ現在のわが国の米生産は法人形態も多く多様化しているとはいえ家族経営が一般的であり、その家族経営では現在もなお企業経営とは異なり純収益より所得を重視する特徴がみられるのが実態である。そしてその所得すら確保できない状況は、正にわが国の米生産が総体的・雪崩的崩壊の危機に瀕していることを意味している。

いずれにしても「自己搾取」は小農の「自己努力」や「勤勉さ」ではなく、自分の判断による作業の密度強化や時間延長を意味するが、現在のわが国の米生産にはそうした側面もないとはいえないが、実態は自家労働力などを低く評価し経営を維持しているところに特徴があり、「自己責任」を強調するだけでは解決できない問題をもっているのはいうまでもない。

第2節　作付規模別・農業地域別にみた収益性問題

現在わが国の米政策ではＴＰＰなどによる米輸入の拡大に対し、作付規模を拡大し生産コスト削減による米価の引き下げで輸入米に対抗することが強調され、また「減反」廃止により米需給対策も転換されようとしている。こうした状況は今後の米生産に大きな影響を及ぼすが、ここではそうした動向を念頭に置きながら、２０１４年産生産費に基づき米生産の収益問題について作付規模別、農業地域別について検討したい。

（1）生産者販売価格と収益性

米価と米生産の収益性を作付規模別・農業地域別にみるとどのような特徴があるのか。それを検討するために示したのが**表1－2**で、２０１４年産生産費に基づいた試算値である。この表が示しているいる第１の特徴は作付規模別でも農業地域別でも販売価格には大きな違いはないが生産コストは大きく異なっていることである。これはある意味では当然なことで、表をみても粗収益にはそれほど格差はないが、生産コストは規模により大きな格差があり、全算入生産費をみると15・0ha以上は0・5ha未満の50％以下となっている。

また農業地域別にみても全算入生産費は同様に最小の北海道と最大の四国をはじめ地域ごとに大きな格差がみられる。農業地域ごとのこの生産費格差には地形などによる投下費用もあるが、地域の土地条件を反映した10a当たり収量の格差も大きな要因となっていることにも注目する必要がある。

表 1-2　米の販売価格と収益性（2014 年産）

（単位：円/60kg、%）

区分	作付規模	粗収益（販売価格）①	生産コスト		収益		収益性割合	
			全算入生産費 ②	経営費 ③	純収益 ④=①−②	所得 ⑤=①−③	生産費率 ②÷①	所得率 ⑤÷①
作付規模	平　均	10,551	15,416	9,819	▲4,865	732	146.1	6.9
	0.5ha 未満	11,112	25,510	15,430	▲14,398	▲4,318	229.6	▲38.9
	0.5〜1.0	10,759	20,307	12,419	▲9,548	▲1,660	188.7	▲15.4
	1.0〜2.0	10,540	16,586	10,408	▲6,046	132	157.4	1.3
	2.0〜3.0	10,080	14,522	8,772	▲4,442	1,308	144.1	13.0
	3.0〜5.0	10,549	14,181	9,371	▲3,632	1,178	134.4	11.2
	5.0〜7.0	10,290	12,012	7,841	▲1,722	2,449	116.7	23.8
	7.0〜10.0	10,448	12,228	8,278	▲1,780	2,170	117.0	20.8
	10.0〜15.0	11,440	11,761	7,897	▲321	3,543	102.8	31.0
	15.0ha 以上	10.322	11,558	8,179	▲1,236	2,143	112.0	20.8
農業地域	北海道	11,181	11,957	7,507	▲776	3,674	106.9	32.9
	都府県	10,492	15,742	10,034	▲5,250	458	150.0	4.4
	東北	9,089	13,354	8,419	▲4,265	670	146.9	7.4
	北陸	12,130	16,066	10,659	▲3,936	1,471	132.4	12.1
	関東・東山	10,009	15,791	9,575	▲5,782	434	157.8	4.3
	東海	12,208	19,774	13,199	▲7,566	▲991	162.0	▲8.1
	近畿	12,202	18,680	11,887	▲6,478	315	153.1	2.6
	中国	10,148	19,031	11,757	▲8,883	▲1,609	187.5	▲15.9
	四国	10,642	21,422	13,749	▲10,780	▲3,107	201.3	▲29.2
	九州	11,709	16,939	11,099	▲5,230	610	144.7	5.2

（資料）「米生産費調査」（農林水産省）

第2はその結果収益にも大きな格差があることである。所得では0・5ha未満および0・5～1・0haだけがマイナスであるが、純収益ではすべての作付規模がマイナスで、0・5ha未満と10・0～15・0haとの差額は1万4077円となっている。農業地域別でも同様で、北海道と四国では1万0004円の差額となっているが、作付規模別、農業地域別ともに純収益と所得に大きな格差があることに変わりはない。こうした収益格差は生産費率や所得率をみれば明らかである。

ここで規模拡大に関連してとくに注目したいのは、純収益が15・0ha以上も含めすべての階層でマイナスになっていることである。2013年産米では5・0～7・0ha以上層はすべてまだプラスになっていたので（**表1－4**参照）、その要因は2014年産米価の下落にあるのはいうまでもない。2015年産米価は若干上昇する傾向にあるとはいうものの、今後の動向如何によっては米生産が大きな影響を受ける危険性があることを示している。

第3はとくに作付規模別の特徴についてである。表からも明らかなように生産コストは規模が大きくなるにしたがい低下しているが、5・0～7・0ha以上ではあまり差がみられず、このため収益の格差も小さく生産費率、所得率にも大きな違いがないことである。これはわが国の米生産では一定以上に拡大すると規模の有利性が十分に発揮されないことを示しているのである。

米生産は自然的条件により収量はもとより価格なども年産別に異なり、したがって農業地域別でも変動があるので、2014年産生産費だけの検討で、ここで述べた作付規模別、農業地域別特徴を普遍化することはできない。しかし年産の変動にかかわりない基本的特徴をも示しているので、これに対応した米生産対策が求められているといえる。

(2) 米生産の規模拡大問題と課題

1 生産費目からみた作付規模間の収益性と特徴

①作付規模別にみた生産費目の特徴

生産費でみるとわが国の米生産では5・0〜7・0ha以上では生産コストの格差があまりみられないように、一定規模以上では規模拡大の有利性が十分に発揮され難いことは前述したが、その要因は生産費目の作付規模による相違をみても明らかである。生産費目の検討では普通変動費と固定費に区別されるが、ここでは肥料費、農業薬剤費、農機具費、労働費、支払利子・地代の費目別に検討する。それを0・5ha未満に対する5・0〜7・0haおよび15・0ha以上の割合で示したのが**表1－3**で、規模間格差は費目により大きく異なっていることが分かる。肥料費、農業薬剤費は80〜90％前後(第1グループ)、農機具費、労働費は35〜55％前後(第2グループ)、その他の支払利

表 1-3　主要費目の規模格差（2014 年産）

（単位：%）

費目		0.5ha 未満	5.0〜7.0	15.0ha 以上
全算入生産費		100.0	53.4	49.5
費目	肥料費	100.0	88.8	78.2
	農業薬剤費	100.0	90.9	81.8
	農機具費	100.0	56.0	55.3
	労働費	100.0	42.9	35.7
	（うち家族）	(100.0)	(41.5)	(31.5)
	支払利子	100.0	1,192.3	1,050.5
	支払地代	100.0	614.3	681.8

（資料）表 1-2 に同じ。

子・地代（第3グループ）の三つに大別できる。表示以外の費目では第1グループには光熱動力費、その他諸材料費、第2グループには建物費、自動車費のほか賃借料・料金が含まれる。

ここでそれぞれの特徴をみると第1グループは本来作付規模によりあまり大きな格差が生じない費目ということができるので、規模拡大による生産コスト削減は主として第2グループに依存しているということができる。それは各層ともこの第2グループの農機具費、労働費および建物費、自動車費の4費目合計で全算入生産費の50％前後を占めているので、規模拡大によるその節減効果が大きいのである。

そしてこの生産費削減効果を弱めているのが第3グループで、とくに規模が拡大するにしたがい支払地代と支払利子が増大していることに注目したい。当然、作付規模を拡大しようとすれば農地の借り入れと農機具などの整備およびそのための資金も必要となるが、２０１４年産における米作付地に対する小作地割合をみると０・５ha未満は10・４％であるが、５・０〜７・０haでは45・４％、15・０ha以上では59・２％となっており、借入地地代の負担は大規模経営ほど多額になっている。

しかもその借入地拡大については、近年高齢化などで水田耕作を大規模生産者に求めるなど一面では借手市場の傾向が強まっているといわれながらもいまなお地力の低い土地が多い実態もみられ、また借入地の増加で圃場数が増加し作業移動時間も増大するので、規模拡大効果が十分に発揮されない例もみられるのが実態である。これはわが国の小規模分散錯圃制水田農業にみられる根本的な問題で、これまで大規模経営についても「大規模ではあるが実態は小経営」と指摘されていたことである。とくに15・０ha以上ではさらに雇用労働費も増加するので、こうした規模拡大に伴う外部支出の増大が収益の増大を抑制することになる。

わが国の米生産では15～20 ha程度までは作付規模拡大による生産コスト削減効果があるが、それ以上になると必ずしも規模の有利性が明らかでないとの指摘がこれまでもみられたのはこのためである。しかも生産法人などの組織経営体では管理能力が伴わないため個人経営以上に規模メリットが十分に発揮されていないのが実態である。

表１－２でも明らかなように、一定規模以上で生産費が下げ止まりし規模の有利性が十分に発揮され難いのは、こうしたわが国の米生産の経営構造とそのもとで成立している技術体系によるもので、風土的、歴史的に基底された日本的特徴を反映した結果である。２０１５年農林業センサスは前回調査対比で北海道では１００ha以上、都府県では10 ha以上の農業経営体数がとくに増加したことを示しているが、米生産を含めこうした作付規模拡大には今後とも大きな課題があるといえる。

したがってアメリカ、オーストラリアなどを念頭に作付規模拡大を最優先した米生産の強調や日韓の生産費の単純な比較から生産コストを論ずる意見もあるが、重要なことは日本的特徴に基づいた米生産とコスト削減対策の究明である。

もちろんこれはわが国の水田農業に固執し、現在の生産構造と技術体系を不変として、作付規模の拡大により高性能機械など活用した「合理的農業」の確立やそれによる生産コストを引き下げることの意義やその可能性を否定するものでないのは当然である。

②収益性からみた大規模経営の課題

２０１３年産では５・０～７・０ha以上ではプラスとなっていた純収益は２０１４年産では15・０ha以上を含めすべての階層でマイナスになっていることは前述した。ここでは規模拡大問題を念頭にその内容を具体的に検討したい。

既に述べたように純収益は一般企業の経営者利潤に相当し、所得はそれに外部支払いのない家族労働費、自己資本利子、自作地地代の評価額を含めた総合収入であるが、これはこの3費目の評価額を引き下げて計算すればそれだけで収益性は改善することを意味する。

表１－２について具体的にいえば、生産費調査での家族労働はその地域での農村雇用労賃で評価されており、２０１４年産では1時間当たり０・５ha未満は１３８９・41円、０・５～１・０haは１４４７・21円となっており、表で示した純収益と所得はこれで評価された家族労働費で算定されている。たとえばこれを半額で評価すれば家族労働費も半額となり、計算上では０・５ha未満は３７０８円、０・５～１・０haでは２７０８円の収益増となる。その結果０・５ha未満の所得はマイナス４３１８円がマイナス６１０円、０・５～１・０haはマイナス１６６０円がプラス１０４８円と改善され、この両階層の所得額は15・０ha以上を含め大規模層の純収益を上回ることになる。これに家族労働だ

けでなく自己資本利子と自作地地代も低く評価すると収益はさらに増額することになるのはいうまでもない。

ここで示した生産費調査における家族労働の評価額については現在の最低賃金の水準との比較で意見もあり得るが、今後の米生産の維持・発展の観点からみると、家族労働を規定の半分に評価するだけで小規模経営の所得が大規模経営の純収益を上回ることは、担い手育成上重要な問題を提起していることになる。その理由は小規模経営は所得確保を経営維持の基本とするが、大規模経営は純収益を基本とするため、小規模経営の所得が大規模経営の純収益を上回ることは、大規模経営が経営を維持するうえで小規模経営に対する競争上不利になることを意味するからである。もちろん大規模経営も家族労働費などを低く評価すれば収益は改善するが、大規模経営では計算上ではなくあくまでも各費用を正当に評価したうえでの純収益確保が経営の維持発展には最低限の条件となるからである。

ここで小規模経営は家族労作経営の観点から経営維持判断の基準として所得を、大規模経営では一般企業と同じく純収益を基準にすると仮定すると、小規模経営はもともと米生産への依存度が低いので収益悪化に対し家族労働費などの評価額を低く計算し経営の維持存続を図ることが可能であるが、大規模経営ではそうした対応が困難なので、経営存続の危機が深化することを意味する。したがって一般的には米価を引き下げれば生産コストが高い小規模経営が没落するので米生産の規模拡大が進むと認識されているが、それにもかかわらず期待されたほど規模拡大が進まず小規模経営が存続しているのは、こうしたわが国の稲作構造に要因があるからである。つまりこれまでの試算からも明らかなように、米価下落は小規模経営を排除するのではなく逆に育成が目指されている大規模経営に打撃を与え、その存続の危機を促進する危険性を強める可能性が高いのである。

なおこれまで所得を小規模経営存続のメルクマールであると述べたがそれも限界に達し、小規模兼業農家の間でも米生産からの離脱が進む傾向がみられるのが米をめぐる現在の情勢の注目すべき特徴である。２０１５年農林業センサスでも販売農家や基幹的農業従事者の減少などが前回調査よりさらに強まる傾向を示しているが、最近の実態は米生産においても総体的・雪崩的減少が進む危険性があることを示しているのである。これは国民食料の安定供給の観点からも重要な問題なのはいうまでもない。

表 1-4　米生産の収益と米価 10%下落試算

（単位：円/60kg、%）

作付規模	2013 年産米		2014 年産米		米価 10%下落（試算）	
	純収益	所得	純収益	所得	純収益	所得
平均	▲2,597	3,093	▲4,865	732	▲5,920	▲323
0.5ha 未満	▲11,814	▲2,107	▲14,398	▲4,318	▲15,509	▲5,429
0.5～1.0	▲7,099	834	▲9,548	▲1,660	▲10,624	▲2,736
1.0～2.0	▲3,835	2,466	▲6,046	132	▲7,100	▲922
2.0～3.0	▲1,927	3,961	▲4,442	1,308	▲5,450	300
3.0～5.0	▲856	3,867	▲3,632	1,178	▲4,687	123
5.0～7.0	167	4,723	▲1,722	2,449	▲2,751	1,420
7.0～10.0	659	4,676	▲1,780	2,170	▲3,185	765
10.0～15.0	1,198	5,083	▲321	3,543	▲1,465	2,399
15.0ha 以上	1,062	4,371	▲1,236	2,143	▲2,268	1,111

（資料）表 1-2 に同じ。

（注）「米価 10%下落（試算）」は粗収益を 10%削減したほか他の要素はすべて変化ないものとして試算した。

近年生産者の米販売価格は著しく低下しており、TPP合意がそのまま発効されると輸入拡大が予測されるので米価はさらに低下する可能性が強い。そこで米価下落と作付規模の関係をより具体的に検討したい。そのために示したのが**表1－4**で、2013年産と2014年産および米価がさらに10％低下（2014年産基準）した場合の作付規模別にみた収益を試算したものである。

この表でまず強調したいことは、既に**表1－1**でも指摘したように2014年産米価は前年の2013年産に対し16％以上も下落したため米生産の収益性は著しく悪化しているが、米価がさらに10％下落するとそれが一層促進され、すべての階層での純収益のマイナスは拡大し、所得でもマイナスが2014年産の2階層から3階層となり、平均でもマイナスに転ずることである。近年の米価下落で小規模経営でも米生産からの離脱が進んでいることは前述した。

その後2015年産は若干回復を示しているが、米価は作況だけでなく国際的な需給動向などにより変動するので今後の動向も予測困難なのが実態で、飼料用米生産もあり10％下落の試算も慎重であるべきなのはいうまでもない。ただ2014年産の動向やTPP合意および「減反」廃止で米生産量が増大すれば米価下落も予測されるので、さらに米価が下落すると前述したようにわが国の米生産は総体的・雪崩的崩壊が進む危険性が強いことをこの試算は示している。

なお米価と収益問題を考える場合に留意する必要があるのは、米価の下落割合以上に収益が低下することである。これは米価が下落しても生産コストはそれに応じては減少しないので当然なことで米に限らず農産物に共通して指摘できることである。

これまでの検討は生産物単位当たりでみた米価下落による収益動向であったが、これを1戸当たりの収益動向を担い手育成上重要と思われる5・0～7・0haおよび15・0ha以上について試算したのが**表1－5**である。

表から明らかなように、米価が10％下落するとそれ以外の他の条件に変化がないとした試算なので、粗収益も10％減少する。これは実額でみると平均で14・5万円であるが5・0～7・0haでは55・2万円、15・0ha以上では182・6万円の減少となる（実態額－試算額）。**表1－1**で示したように2014年産は2013年産に比し米価は16％以上下落しているので、各階層1戸当たりの粗収益はこの1年間で試算以上既に減少しているのである。

所得についても同様で平均ではプラス10・0万円がマイナス4・4万円となり、現状と比較すると5・0～7・0haでは54・9万円、15・0ha以上では182・6万円の所得減となる。この減少額は現在の米生産ではほとんど回復困難で、それが不可能ならば経営の縮小か離脱が迫

表1-5　米価10％下落による1戸当たり収益試算（2014年産）

（単位：円、％）

作付規模	実態		米価10％下落（試算）		実態に対する試算比率	
	粗収益	所得	粗収益	所得	粗収益	所得
平均	1,450,763	100,650	1,305,700	▲44,413	90.0	—
5.0～7.0ha	5,520,585	1,310,670	4,968,527	761,830	90.0	58.1
15.0ha 以上	18,260,650	3,791,181	16,434,939	1,965,470	90.0	51.8

（資料）表1-2に同じ。

（注）1戸当たりの粗収益、所得は各階層の10a当たり収量に作付面積を乗じて算定した総収量に60kg当たり粗収益、所得を乗じて算出した。

られる額である。

２０１４年産米の純収益はすべての階層がマイナスで所得でもマイナスとなる階層が拡大することは既に述べたが、所得は生産者の手元に残る総合収入なので、米価がさらに10％下落した場合のこの所得減は米生産が存続の危機ともいえる状況に陥ることを意味する。

以上の生産物単位当たりと生産者1戸当たりの米価と収益との関係の検討を通じて明らかなことは、小規模経営自体にも問題が生じているが、とくに担い手育成上重視されている大規模経営では、既に述べたように規模拡大による生産コスト低下にも限界がある現在、米生産の縮小による他の農業分野への転換か農業生産そのものからの撤退に追い込まれる危険性もあることである。これは前述したように、わが国の米生産が総体的・雪崩的崩壊の危機に面していることを示していることを意味しているのはいうまでもない。

（3）米生産の収益と政府助成

国際的にみてもそうであるが、わが国においても農業生産の発展にとって国の政策は重要な役割を果たしてきた。とくに米については食管法から食糧法へと基本政策は変化したが、生産調整助成、価格補償など政府の多様な助成対策は米生産の発展には不可欠ともいえる要因であった。それを最近の実態について検討するために示したのが米生産費調査による10ａ当たり粗収益と奨励金の動向を示

表1-6　米生産の収益と奨励金の動向（10 a 当たり）

(1) 年次別動向　（単位：円、%）

年　産	粗収益 ①	奨励金 ②	合計	比率 ②/①
2011年	118,721	12,615	131,336	10.6
2012年	129,339	14,030	143,369	10.8
2013年	113,522	12,972	126,494	11.4
2014年	93,624	7,447	101,071	8.0

(2) 規模別・地域別比率（2014年産）　（単位：%）

区分		比率
平均		8.0
作付規模別	0.5ha 未満	4.1
	0.5～1.0	6.2
	1.0～2.0	7.6
	2.0～3.0	8.2
	3.0～5.0	8.4
	5.0～7.0	9.5
	7.0～10.0	7.7
	10.0～15.0	8.8
	15.0ha 以上	10.8
農業地域別	北海道	8.6
	都府県	7.9
	東北	9.7
	北陸	7.9
	関東・東山	6.0
	東海	4.5
	近畿	6.7
	中国	7.7
	四国	5.9
	九州	8.5

（資料）表1-2に同じ。

した**表1－6**である。

まず年次別動向で注目したいことは、最近時においても奨励金は粗収益の10％程度を占めていることである。米価が10％下落すると米生産は大きな影響を受けることは前述したが、今後この政府助成が縮減合理化されるとすれば、米生産は同じ程度の影響を受けることになるのはいうまでもない。

これを作付規模別、農業地域別でみるとそこには重要な特徴が指摘できる。まず作付規模別であるが表からも明らかなように、規模が拡大するにしたがい奨励金の比率が高くなり、0・5ha未満の4・1％に対し15・0ha以上では10・8％を示していることである。このように大規模経営ほど奨励金依存率が高いことは国の農業政策に対する依存度が高いことを意味するが、それはこれまでも指摘されていたことである。大規模経営の方が米過剰による米価の下落を懸念し、政府の政策を受け入れて転作率などを高くしている結果の反映である。

ここで示した実態は今後の米の需給調整政策を考えるうえで担い手育成との関係で留意すべき課題を提示している。それは「米政策の見直し」では5年後を目途に、政府による生産数量目標の配分を行わず生産者や集荷業者・団体が自主的に取り組むことにしているが、それに伴い政府の助成措置が縮減・合理化されるようなことがあると大規模経営ほどその影響が大きいからである。もちろん政府の助成金に頼らない米生産が望ましいことはいうまでもないが、助成措置の縮減合理化が実施されると、多くの大規模経営の維持・存続が困難になる可能性が高まるのが実態なのである。

この奨励金比率は農業地域別にみても北海道、東北、北陸、九州の米生産地域が高く、関東・東山、東海、四国などとの間に大きな格差がみられる。これは作付規模とも関連するが、今後の地域主体による米生産対策には、現在あるこの助成格差に如何に対応するかが重要な課題となる。

なおこれまでは政府の奨励金を粗収益と比較して検討した。しかし本来ならば所得または純収益と比較すべきであるが、所得・純収益がマイナスの作付規模もあるので農業地域も含め粗収益と比較した。試みに奨励金を所得と比較すると２０１２年産では38・5％、２０１３年産では47・7％、２０１４年産では１１５・０％となり、近年高まる傾向を示していた。これは米生産者の実質的な収益において国による奨励金が重要な役割を果たしていることを示すものである。

いずれにしてもここで示した作付規模別、農業地域別の特徴は単年度について述べたもので、この奨励金比率自体は年産により異なり固定的なものではない。しかし一般的な特徴は示しているので、「米政策の見直し」でもこの実態に応じた対応策が求められているのである。

第3節　米の価格・所得政策の課題と展開方向

(1) 最近における米政策の特徴

これまで述べたことからも明らかなように、今後の米生産を維持し発展させるためには米についての価格・所得政策の確立が求められており、食管法から食糧法となり市場メカニズムによる価格形成になるとともに重要な課題となっている。民主党政権による戸別所得補償制度での「米の所得補償交付金」はそれを反映した結果であったが、同制度で「水田活用の所得補償交付金」も示されていたように、米の価格・所得対策とともに併せて水田利用度向上対策も提示されたところに重要な特徴がみられた。

これはその後再度政権についた自民党の政策でも指摘できる。自民党は民主党の戸別所得補償制度を大幅に見直し「農林水産業・地域の活力創造プラン」を策定し（2013年12月決定、2014年6月改定）、「経営所得安定対策の見直し及び日本型直接支払制度の創設」を提示したが、そこでは経営所得安定対策の見直しとして「畑作物の直接支払交付金（ゲタ対策）」、「米・畑作物の収入減少影響緩和対策（ナラシ）」、「米の直接支払交付金」のほか、水田のフル活用を推進するための「水田活用の直接支払交付金」などを示したのである。

いずれにしても米の価格・所得補償政策は具体的には米生産者の所得補償対策であるといえるが、近年は水田の利用度向上対策も同時に強調されているところに重要な特徴がある。それを念頭におきながら、水田の利用度向上対策については後述するので、ここでは米生産者の価格所得補償対策について検討したい。この問題を重視するのは、市場原理主義の観点から政府による所得補償対策などは採用すべきではないとする意見もあるが、それでは米生産の総体的・雪崩的崩壊の危険性があり所得補償政策が必要な実態にあるからである。

（2）米の所得補償制度の改革とその重要性

1生産費基準による不足払い方式

所得補償対策で最も重要なことは何を基準に所得補償するかであるが、わが国では収入保険制度ではなく、一定の基準額と実質的収入額の差額を補償する制度が実施されてきた。最近の動向で具体的にみると民主党の戸別所得補償制度の「定額部分」は生産費基準であった以外は、自民党、民主党に共通した特徴は「価格」、「収入」が基準とされていた。しかしこのいずれの要素も常に変動するので、これでは補償額が安定せず価格が低下傾向にある現在、補償基準も低下するとする批判があった。

周知のように、食管法では生産者からの政府買入価格は米の再生産を旨として定めることと規定されていたので、価格は「生産費及び所得補償方式」（以下「生所方式」）により算定されていた。そのため政府買入価格は生産調整を実施していたにもかかわらず70年代後半までは生産費を上回っていたのである。80年代に入り財界から「国際化にふさわしい日本農業の実現」が提言され、生産調整面積は拡大されたが、それでも生産費に対する政府買入価格の比率をみると１９８０年産は91％、１９８５年産は94％を示していた。この比率が著しく低下するようになったのはＵＲ合意と食糧法の制定後であった。

こうした歴史的な経過と前述した最近の米所得の動向から米生産が存続の危機に直面している実態を考えると、改めて生産費を基準とした不足払いによる所得補償制度の確立が求められているといえる。現在「減反」廃止に加えＴＰＰ大筋合意による輸入拡大で米価のさらなる下落が懸念されているが、生産費が償われる米生産の継続が国民食料を安定的に供給するうえからも不可欠と考えるからである。

生産費を補償基準にするとしてもいかなる生産費を基準とするかが重要な問題となるが、ここでは全規模平均の全算入生産費の３カ年平均を対象にその90％を補償基準と考えたい。わが国では小規模生産者も米生産の維持・発展に重要な役割を果たしているので、本来ならば小規模生産者を含めた全規模全算入生産費の100％を補償基準とするのが当然だが、現実的に実施可能な目標として現行の米価水準維持が妥当と考えるからである。これは**表1－1**からも明らかなように、全算入生産費の90％は相対価格の最近3カ年平均とほぼ同じ水準であり、粗収益もほぼ現状維持となることからもいえることである。

いうまでもなく補償価格を生産費基準とすることは作付規模問題だけでなく農業地域別問題にもかかわりがあるが、ここでは全国平均生産費を基準と考える。

なお現在の「畑作物の直接支払交付金（ゲタ対策）」は麦、大豆、てん菜、でん粉原料用ばれいしょなどを対象に、「全算入生産費をベースに算定した『標準的な生産費』と『標準的な販売価格』との差額を単位数量当たりの単価で直接交付する」ものでこれは不足払い制度であるが、この制度を米についても確立する必要がある。

2 生産費基準の課題と今日的意義

ここで示した生産費基準の米の所得補償に対してこれまでの経過からいくつかの意見と課題が想定される。第1は所得補償は生産増大を目指して実施されるのが一般的であるが、生産抑制が課題とされている米について実施するとこれまで進んでいた水稲以外の作物生産が水稲に復帰するなど、逆に米過剰が促進され、財政負担も増加するので実施すべきではないとする意見である。

しかし生産調整の経過をみると、米価の上昇は抑制されたが引き下げられなかったこともあり米生産の他作物に対する有利性があったが、それでも麦、大豆などへの転作により水田利用の多様化が進んだ。そこには多くの問題もあったが、自給率の低いこれらを戦略作物として位置づけ、転作奨励補助金の交付などにより国による生産振興対策が強化されたからである。普通、米に対する所得補償は即他作物の生産抑制と考えがちであるが、生産調整の経過は、国としての政策的意思さえあれば米に対する一定の所得補償と水田における他作物の生産振興は矛盾しないことを示すものである。

第2は市場価格基準ではなく生産費基準では米価が高止まりし、小規模経営を温存するので規模拡大による構造改革を阻害するとする意見である。この意見でまず問題なのは市場価格は変動しながら低下する実態にあるが、生産費は変動せず下方硬直的であるという潜在的な認識が背景にあることである。しかし既に**表1－1**でも明らかなように、2014年産全算入生産費は2000年産に対し14％低下していることは、米生産者とくに専業的経営者は合理化により生産コスト削減を日常的に追求しており、これは経営者として当然なことである。したがって生産費基準による所得補償制度が導入されると生産者はコスト削減努力を怠り、補償基準価格も下方硬直的で高止まりするという意見は実態をみていない意見である。

これは生産費基準による米価高止まりは生産者の安売り競争によるモラルハザードを促進するという意見についてもいえる。民主党が戸別所得補償制度で生産費基準による補償価格の算定を提示した際、安く売っても差額は国からの交付金で補償されるので、生産者が生産費低減の努力を怠り生産費が高止まりするとか価格引き下げによる安売り販売による産地間競争が強まるとする意見があった。そのため民主党自体「モラルハザードが起きる恐れがある」との認識を示し、自民党政権となって2014年産から廃止された米価変動補填交付金でも生産者のモラルハザードが指摘されていた。

しかしそうした事例は全くなかったとはいえないが稀有で、それよりも現場のとくに担い手生産者の生産意欲を喚起する面が大きかったのが実態であった。

第3はこれまでの米価算定方式との関係である。前述したように食管法に基づく政府買入価格は生所方式により算定されていたが、農産物価格は平均生産費ではなく最劣等地の費用価格によって決定されるとする理論から、米価審議会は1955年産米の審議において60%～95%までのバルクライン農家の生産費を示しながら、「バルクライン農家8割の生産費を最低として買入価格を速やかに決定すべきである」と答申した。もちろんこの背景には当時の米の需給事情があったのはいうまでもないが、この答申後米価算定方式では分母の単収は平均単収から1σ（標準偏差）を差し引いた方式（1シグマ方式）が採用され、農業団体も要求米価を80%バルクライン方式で算定したことがあった。

しかし米需給が緩和するに伴い米価算定は平均生産費基準となり、さらに食管法が廃止され食糧法となって市場メカニズムを優先した価格・所得政策が強化され現在に至っている。しかも米の需給と価格をめぐる条件も大きく変化しているので、これまでの生産費基準を尊重しつつも所得補償の基準では現実的な対応が求められているのである。

さらにこの限界農家問題に関連し、「全規模全算入生産費の90％」を補償基準とすることは小規模経営の切り捨てになるとする批判も考えられる。小規模経営も米生産や水田の多面的機能の維持存続に重要な役割を果たしているので、それを除外したのでは、現在果たしている小規模経営のこうした取り組みを弱める危険性があるからである。

しかし水田の多面的機能維持などは小規模経営だけではなくすべての米生産者にかかわる全水田管理の問題なので、価格・所得補償対策とは別に現在ある「環境保全型農業直接支援」とも関連させ、こうした取り組みを支援する「農地維持・環境保全支払」（仮称）として対応することが適切である。こうした観点からみて、現行の日本型直接支払制度の「多面的機能支払」では交付対象が「活動組織」とされているがこれを「農業者」も対象にするとともに、２０１８年産から廃止が予定されている米の直接支払交付金（７５００円／10ａ）についても、政策的位置づけを改めむしろ増額して存続すべきであろう。

そしてこれまでの検討を通じて最も重要な第４の問題は、生産費基準による米所得補償の今日的意義についての認識である。周知のようにアメリカでは生産者の農業所得を補償するため多様な対策が実施されている。２０１４年農業法をみてもその農業所得保障政策は収入保障・所得補償・収入保険の３層構造で、このうちの所得補償は目標価格を定め、販売価格がこの目標価格に達しなかった場合にはその差額を支払う不足払い制度で、これは生産者所得の最低限を保証するセーフティネットの機能を持っているという。収入保障制度でも同様で、保障基準収入を算定する場合平均販売価格が目標価格より低い場合はこの目標価格が用いられているのである(1)。この2014年農業法にみられるこうした所得対策により、農業大国であるアメリカでの2007~11年の5年間平均の農業所得は1991~2000年平均の1・2倍を示し、1992~2007年の15年間で農業所得が半減した日本と比べると、アメリカ農業の好況が際立っているという(2)。

このアメリカとは全く異なりわが国では農業生産所得は低下傾向を続けており、しかも米価がさらに下落するとむしろ育成が求められている大規模経営はもとより、「自己搾取」を強めている小規模経営も含め経営の維持存続が困難となり、米生産の総体的・雪崩的崩壊が起こる危険性もあることは前述した。これはEUやアメリカなどでとは異なったわが国農業が直面している課題であるが、国民食料供給の不安定化を招かないためにも、生産費基準による米所得補償制度を確立することに重要な今日的意義がある。

しかもここで示した生産費基準制度は米生産費と市場で自由に形成された米価との差額を財政負担するものであり、消費者の購入価格はあくまでも市場価格なので、世界的動向である消費者負担から財政負担へという政策転換と同じ方向を目指したものである。もちろんこの制度では生産費と市場価格の差額が大きくなれば当然財政負担も増大するが、その程度は現状の予算の組み換えを基本に対応可能な水準であると推定されるので、国民的合意も可能であると思われる。

なお、生産費を価格所得補償の基準とする場合、WTO協定との整合性の問題があることも念頭に置く必要があるが、農業所得補償で生産費を基準とする政策理念は決して特異なことではないことはアメリカの例からも明らかである。そして強調したいことは、米生産の発展と国民食料の安定供給および食料自給率の向上を図るためにも、米価下落に対する最低限の歯止め措置として生産費基準の米所得補償制度の確立が必要なことである。

その上で最後に付言しておきたいことは、これまで述べたような所得補償制度を確立したとしても、それだけで米をはじめとする農畜物生産の安定した発展が期し難いことである。食料・農産物の輸入大国であるわが国では、国内対策の充実とともにTPP合意に見られるような輸入拡大対策を国民本位に根本的に転換することが不可欠なのである。

（注）

(1)服部信司「アメリカ2014年農業法」(農林統計協会　2016年2月)。とくに20~31ページ。

(2)同上。8ページ。

第2章　米の流通・消費構造の変化と輸出入問題

第1節　米流通の多様化と消費者選択

食管法の下では米の集荷業者は政府の指定制で、指定集荷業者である農協・全集連が販売されるすべての米を集荷し、その上集荷された米の全量が政府の指定法人を通じ登録販売業者に販売されていた。このように単線的であった米流通経路も、食糧法となり市場メカニズムが基本とされている現在、**図2－1**の通り極めて多様化している。

その実態をみると、生産者の米生産量844万トンのうち主食用うるち米は771万トンとなっているが、その処分状況をみるとJA等（全集連系を含む。以下同じ）が393万トン、農家直売が218万トン、農家消費（無償譲渡を含む）が160万トンとなっており、主食用うるち米のほかに集荷業者を通じて実需者に販売される加工用米やもち米などが73万トン存在する。

さらにこれを詳細にみると図が示している重要な特徴は、JA等のうちの単協の独自販売が100万トンと農家直売が218万トンみられるが、これは食管法では認められていなかった流通経路である。これに農家消費に含まれている無償譲渡を含めると食管法で規定されていた指定集荷業者↓指定法人の経路とは全く異なって流通する米は300数十万トンにも達し、農協組織→全農・経済連等の流通量294万トンを上回っていることになる。しかも単協の独自販売や農家直売の米は卸・小売業だけでなく消費者にも直接販売されているので、消費者から見れば販売業者の多様化による多様なルートを通じた米の購入が可能になっていることを示している。しかもこの図の卸・小売等には米の実需者である中食・外食事業者や加工事業者も含まれているので、米も他の農産物と同様「普通の商品」として流通・販売されているのである。

　農協組織は第27回JA全国大会（2015年10月開催）で「マーケットインに基づく生産・販売事業方式への転換」を掲げ、米については「卸売業者を中心とした販売から業務用・加工用等の中食・外食及び小売等実需者のニーズに応じた生産・販売に転

図2-1　米の流通経路別流通量（2014年産米）

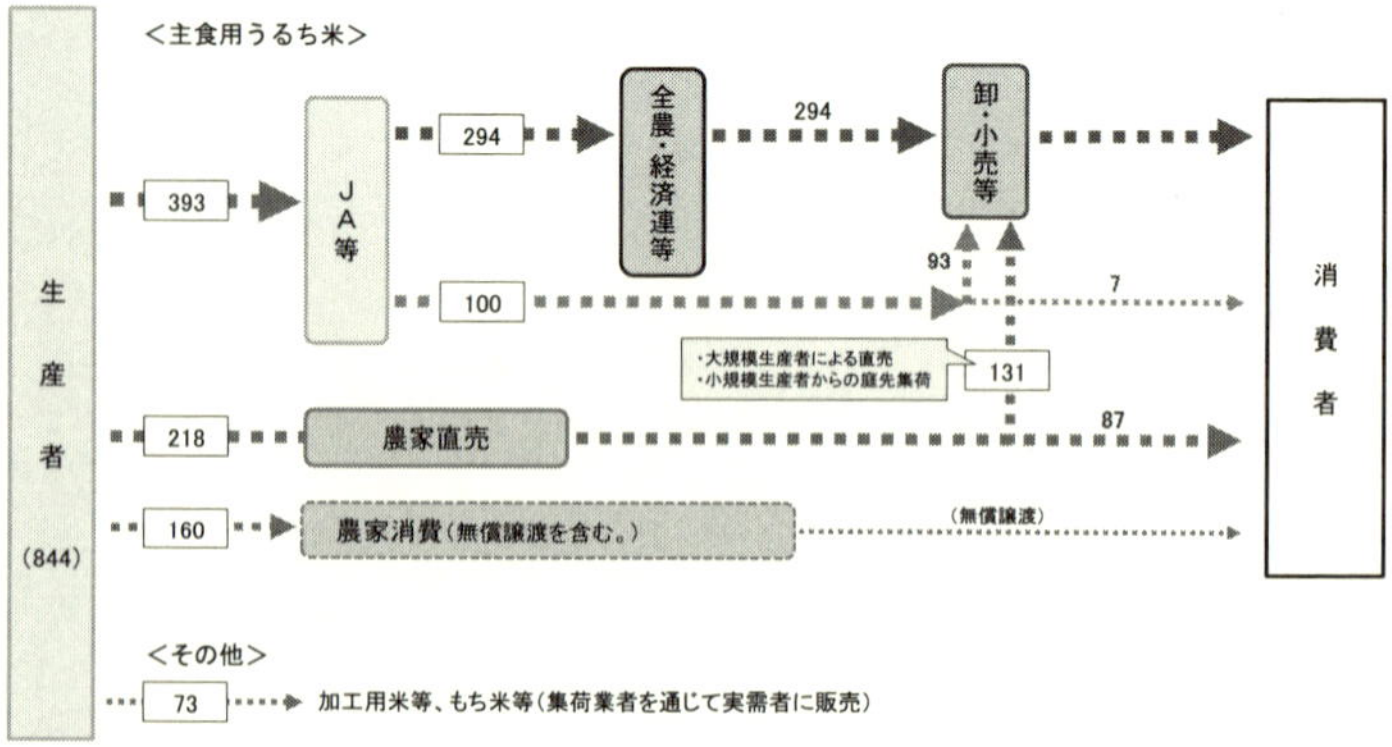

（資料）「米をめぐる関係資料（平成28年3月）」（農林水産省）
（注）数字の単位は万トン。

換」することを決議しているのも、販売戦略が必要とされなかった食管法から食糧法となり、米流通経路が多様化したことが背景にあるからである。

その上でこうした米の流通経路の多様化は消費者が購入する米（精米）の入手経路も多様化していることを指摘したい。その実態を示したのが**表2－1**であるが、消費者が購入する精米の50％近くをスーパーマーケットが占めているのをはじめ生産者からの直接購入、家族・知人からの無償購入に加え、最近ではインターネットショップの割合も高まる傾向にある。これは食管法の下で米販売の中心であった米穀専門店の割合がドラックストアをも下回るほど著しく低下していることと対照的な現象で、米の流通多様化に対応し消費者の購入経路の多様化が進んでいることを示している。

これまで述べた流通経路と入手経路の多様化は消

表 2-1　精米購入の入手経路（複数回答）

（単位：%）

年度	スーパーマーケット	ドラックストア	ディスカウントストア	コンビニエンスストア	生協（店舗・共同購入含む）	農協（店舗・共同購入含む）	米穀専門店	生産者から直接購入	インターネットショップ	家族・知人からの無償購入
2011 年	45.9	3.7	4.2	0.4	8.6	1.4	3.8	6.8	6.4	23.5
2012	45.1	4.3	3.4	0.3	7.8	1.8	4.2	7.0	7.4	22.9
2013	47.4	3.8	2.8	0.3	7.1	1.6	3.8	6.8	10.0	20.8
2014	48.7	4.1	2.4	0.2	8.2	1.5	3.5	6.7	8.7	19.5

（資料）「米に関するマンスリーレポート」（農林水産省　平成 27 年 12 月）

（注）上記資料にはほかに「デパート」と「その他」も示されているが、いずれにしても複数回答のため割合の合計は 100%に一致しない。なお、この表は購入経路の割合であるが購入量の割合と大きな差がみられないので、この表を使用した。

費者が購入する米の選択幅も多様化するが、それは当然購入する品質とも関係する。周知のように食管法の下では生産者が販売する米はすべて農産物検査法に基づき国で検査されていた。しかし米管理でも国の関与を縮減し民営化が重視されるようになると、「国の行政組織等の減量、効率化」（1999年閣議決定）を図るため、2006年度からは米の検査も民間による登録検査機関により実施されるようになった。そしてこの登録検査機関には卸・小売業者もあるが集荷と同じく農協系・全集連系がほぼ90%を占めており、産地品種銘柄ごとに国による検査時と同様水分含有率、整粒歩合、形質、異物混入割合などについて検査を行い、等級も決定している。ただ食管法時とは異なり生産者や生産組織の独自販売米などが増大すると流通米に占める検査米の割合も低下するのは当然で、消費者が購入する米の選択幅の多様化は検査の有無も含めその品質の多様化も促進されているのが実態である。

いずれにしても流通経路の多様化は販売される米の多様化を促進させ、適正な品質確保が併せて課題となっているが、この課題に応えるためにも登録検査機関の大半を占めている農協組織には集荷販売組織としてだけでなく、消費者に安全・安心な品質の米を供給するというこれまで国が果たしていた公共的役割も求められているのである。

このように現在米の検査も民間登録機関に移行され産地品種を含め多様な品質の米が自由に流通しているので、消費者が購入に際し重視する要素も極めて多様化している。その実態を示したのが**表2－2**である。この表から明らかなように、消費者は多様な要素を考えて米を購入するが、重視する割合が最も割合が高いのは「価格」で消費者の4分の3に達している。経済状況が不況色を強めれば消費者の「価格」重視は一層高まるので、今後の米政策は消費者のこの「価格」志向に如何に応えるかが問われているのである。

この「価格」に次いで「産地」、「品種」が高く、さらに「食味（おいしさ）」「年産」も高いことが注目されるが、その他も含めて考えると「価格」以外で重要な要素は安全性も含めた「品質」に集約できる。したがって流通多様化の深化に対応した米流通の課題は消費者の「価格」、「品質」の二つのニーズに如何に応えるかであるが、これは米生産の在り方にも直結した問題である。

第2節　消費構造の変化と米生産の展開方向

（1）消費者選択の実態と米生産

1 「良食味・高価格」重視の米生産

消費者が米を購入する際に重視する要素は「価格」と「品質」にあり、とくに「価格」を最も重視していることは前述したが、これは米生産の在り

表 2-2　精米購入時に重視する点（複数回答）

（単位：%）

年度	産地	品種	年産	価格	食味（おいしさ）	安全性	精米年月日	栽培方法	製造販売業者	販売店
2011年	49.8	51.4	36.6	77.8	48.8	31.1	27.4	4.5	7.7	4.6
2012	53.8	51.4	36.8	74.5	49.0	32.4	23.9	5.2	8.0	4.6
2013	56.7	54.2	38.7	76.6	47.3	31.6	24.0	4.6	8.1	4.1
2014	60.2	58.0	42.5	76.3	49.7	32.6	27.0	5.3	9.0	5.6

（資料）表 2-1 に同じ。

方にも課題を提供している。いうまでもなく近年、市場メカニズムを基本とした流通と価格形成が強められ競争が強まっているため、米産地では製品差別化による販売力強化を目指し独自の品種銘柄の開発が進んでいる。そのため生産者が販売する米の産地銘柄数は近年１００を超えているが、こうした多様な産地品種銘柄が多様な流通経路を通じて小売業者などに届けられ、スーパーマーケットなどでは好みの産地品種銘柄米を購入できるようになっている。

当然産地品種銘柄ごとに価格、食味（おいしさ）が異なっているが、現在、この「食味」を基準に新潟県・魚沼コシヒカリを頂点にしたピラミッド型による多様な産地品種銘柄の序列が形成されているのは周知の通りである。現在みられるこの産地品種銘柄は良食味であるが価格が高い「良食味・高価格」米と特徴づけることができるが、当然その頂点に立つ新潟県・魚沼コシヒカリの生産者販売価格は最も高く、年産による変動はあるが最も低い産地品種銘柄を70％～１００％上回り、全銘柄平均価格に比しても50～60％高い。現在は食管法とは異なった市場メカニズムによる価格形成なので、産地品種銘柄ごとのこうした価格格差はある意味では当然と考えられ、それ故に産地では「良食味・高価格」の品種銘柄開発を目指しているのである。

ただ現在消費者が購入時に最も重視しているのは「価格」であることを考えると、これまで追及されてきたこうした「良食味・高価格」を基本とした産地品種銘柄開発の米生産の在り方には課題があるようにも思われる。それは「価格」についてみても、ＴＰＰ交渉の結果安い価格の輸入米の増大や「減反」廃止などで、米価がさらに下落する危険性も予測されるからであるが、それだけでなく後述する消費動向にもかかわる「品質」の変化にも関係している。

こうした課題については既に米産地でもある程度認識されていた。その一例として「ＪＡグループ新潟政策提案研究会」の「農業振興とＪＡの販売機能強化に関する答申」（２００９年４月）を挙げることができる(1)。この答申は新潟県の農業は極端に米に偏った生産構造にあるが、そのため米価下落傾向のもとで多くの生産者は農業生産の縮小や農業所得の低迷に直面していることなどを指摘し、これを改善するための対策を提示した。そのうち米に関しては新潟コシヒカリに対する評価は相対的に低下しているので、このまま推移すれば新潟米の市場評価は他産地に追い抜かれることも想定されるとして「極上の米づくり」、「トップブランドの米産地」を掲げた。しかし同時に景気低迷などもあり消費者の低価格米嗜好が強まり、市場では新潟コシヒカリの過剰感が強まっていることに危機を感じ、新潟コシヒカリの需要・購買層は中高年層と贈答用ともいわれているが、食の外部化により中食・外食比率が高まっているので今後は消費者の嗜好や業者のニーズに合わせた新品種開発が課題であると強調していた。

この答申は従来通りの「良食味・高価格」志向を示しているが新潟コシヒカリの新たな展開方向にも言及しており、米産地ピラミッドの頂点に立つ新潟県の農協組織が既に7年前にこのような方向を示していたことは十分に注目しておく必要がある。

2 消費動向からみた「価格」と「品質」の特徴

ここで改めて指摘したいのは、現在の米政策の重要な課題の一つに価格への新たな対応として生産問題があることである。具体的にはこれまでは国も米生産は単収増より「価格は高くても美味しい米」生産を基本としてきたが、今後は「美味しくてしかも価格の安い米」生産も米政策の新たな課題として重要なことである。既に**表2－2**で示したように、消費者が米購入の際に重視するのは「価格」と「品質」であるが、これは「価格が安く美味しい米」が最も望ましいということである。それができればいうことはないが、米は毎日消費する必需品なので価格の高い「良食味米」でなくても価格の安い「普通食味米」で十分なのが実態で、これは「良食味・高価格米」に対し「普通食味・低価格米」と特徴づけることができる。米生産においてこうした方向も重要になっているのは、今後の状況を考えると消費者の「価格」に対する関心がさらに強くなり、価格差如何では個人も含め実需者が価格の安い輸入米への選好を強める可能性が強くなることも予測されるからである。

（2）消費生活の変化と米生産の課題

1 「価格」問題への対応と課題

消費者に相対的に安い価格の米を供給するためには、当然生産コストの引き下げが必要となる。このことはこれまでも重視されてきたことであるが、その基本は作付規模拡大を最優先した生産コスト削減であった。しかし今後は単収増も重要な選択肢として検討する必要があるように思われる。その理由はすでに検討したように、わが国の米生産では作付規模拡大には多様な制約があるが、単収増ではそれだけで生産物単位当たりの生産コストが削減されるので当然価格の引き下げも可能となるからである。しかも作付規模拡大とは異なり生産拡大に伴う付加コストなどによる所得低下も回避できるので、生産者の対応も容易である。

現在、産地の現場では「良食味・高価格」を目指し行政・農業団体が一体となり土づくりや適期作業を強めて良食味米品種の生産拡大と1等米比率の向上などに努め、製品差別化により自県産米のブランド確立と販売拡大への取り組みを展開しているのが実態である。また米が過剰基調にありその改善が求められている状況なので、単収増はとるべき政策ではないとするのが一般的な意見である。

それにもかかわらず改めて「普通食味・低価格米」を強調する理由は前述したように、ＴＰＰ合意や「減反」廃止などで米価がさらに低下する危険性があるからだけでなく、国民の間には国産米に対する強い選好があることおよびそれとも関係するが米消費形態の変化により多様な品質の米への需要が増大しているからである。「普通食味米」といっても国際的にみればわが国のジャポニカ米に対する評価は高く、当然国民の間でも「良食味米」とは変わらない「国産米」に対する強い選好があるのはいうまでもない。

その一例を示すと、食料品購入の際消費者の80％が「国産かどうかを気にかける」とし、外食でもその割合は39・1％に達している。そしてその理由として国産食料（国産原料の食品）は「安全である」、「おいしい」、「色・形がよい」の割合がそれぞれ72・8％、65・8％、48・9％となっている[(2)]。これは現在の価格水準を前提にした意向なので、価格が相対的に低下すれば、消費者の国産（原料）食料に対する需要はさらに強まる可能性がある。この調査は食料品についてであるが米についても同じことがいえるのはいうまでもない。また中食・外食事業者では消費者個人以上に「価格」問題を重視しているので、多様な用途米も含め単収増により相対的に安い国産米を生産し、消費者・実需者の「国産米選好」に応えていくことが今後の米政策に求められているといえる。

そして強調したいのは、この「普通食味・低価格米」はこれまでの「良食味」ではあるが「低単収」品種を「普通食味」ではあるが「高単収」品種への政策転換でもあるということである。いまわが国の米の単収をみると、米過剰で生産調整により生産を抑制してきたこともあり近年あまり増大しておらず、アメリカの70％程度の水準にとどまっているのが実態である。現在、為替レートにもよるが60kg当たりでみるとわが国の米価はアメリカの7倍程度といわれているが、単収が増加すればそれだけでこの格差は縮小する。単収が増加し余分となった米生産地を他作物に充当すれば農業総生産の増大も可能となり、さらに国内消費を上回る生産量については単収増により価格が低下するので輸出増大も展望できるのである。

いずれにしても、前述したように「普通食味米」といってもわが国で生産されるジャポニカ米の

「食味」は国際的にみて高く評価されることに変わりはない。ＴＰＰなどにより農業政策の今後の在り方が問われている現在、輸入米に抗して需要を確保していくうえでも米政策では「良食味・高価格米」とともに「普通食味・低価格米」の生産が重要な課題となっていることに注目すべきである。もちろんこれは前者を放棄しすべて後者に転換することではなく、米の消費動向に対応して両者をともに推進するという二正面作戦であるのはいうまでもない。

2 「品質」問題への対応と課題

消費者が米を購入する際に「価格」と同時に「品質」を重視していることは前述したが、この「品質」は米の消費形態の変化とも関連して新しい特徴がみられるようになっている。まずその動向について検討するために掲げたのが**表2－3**で、最近における消費者の米の消費形態別動向を示したものである。

この表から指摘できる重要な特徴は、消費者が消費する米は家庭内70％前後、中・外食30％前後に区別されるが、近年そのいずれの量も減少

表 2-3　精米消費量の推移（一人一カ月）

（単位：kg/人）

項目	2011 年	2012 年	2013 年	2014 年	2015 年
合計	5,434	5,395	4,779	4,986	4,877
家庭内	3,536	3,642	3,169	3,529	3,351
中・外食	1,898	1,754	1,610	1,457	1,526
中食	1,152	1,010	931	865	908
外食	746	744	679	592	618

（資料）「米をめぐる関係資料」、「米に関するマンスリーレポート」（いずれも農林水産省）
（注）各年次はいずれも４月である。

傾向にあり、その結果総消費量も減少していることである。これは所得向上に伴い食料消費がでんぷん質から脂肪・肉質へ移行するという一般的な動向だけでなく、わが国における消費形態の変化と高齢化による消費量の絶対的減少をも反映した注目すべき特徴である。

こうした動向のもとで、今後の米問題を考えるうえで重要なことは消費形態の変化による「品質」問題である。まず消費量の70％前後を占める家庭内消費についてみるとそれはいわゆるご飯が普通で、これまでもそのおいしさ・味覚が重視されてきた。しかし近年そのご飯のおいしさ・味覚にも年代間で差がみられるようになっているが、それだけでなく家庭食でもカレーやチャーハンなども多くなっている。これらのカレー、チャーハンなどではご飯とは異なった米のおいしさ・味覚が求められるのはいうまでもない。加えて米消費量の30％前後を占めている中・外食では「品質」より「価格」が重視されることもあり、国産米使用と表示することはあっても産地品種銘柄まで表示している例はほとんどみられず、輸入米が混入されていても一般の消費者には判別不可能である。

こうした米の消費形態に対応した米生産の課題は、消費者が購入する米の30％前後を占めている中・外食についてみるとさらに鮮明になる。中・外食では「品質」もさることながらいわゆるご飯としても「低価格」が求められていることは前述したがそれだけではなく、たとえばカレー、すし、リゾットなど料理ごとに適した米を使い分ける動きが専門店などを中心に広がっている。そうした専門店ではそれに応じた粘り具合、粒の硬さなど料理との相性の良い米が求められているので、産地でも従来品種の中からでもそこに着目し生産振興を図る動きもみられるようになっているが(3)、今後の米生産にはこうした取り組みの強化が求められている。

3 消費形態の多様化に対応した課題

これまで述べた家庭内食と中・外食にみられる米消費の動向は、少量でしかも用途に応じて多種・多様化した米消費と特徴づけることができる。これは従来の卸売業者主体の米販売だけでなく個人を含めた多様な「品質」を求める多様な実需者のニーズに対する販売も重要なことを意味し、それに対応した販売体制の整備が不可欠で、第27回JA全国大会でも強調していることである。そしてその前提として生産段階自体の取り組みの改善も必要であり、産地においてもこれまでの「良食味・高価格」を最優先した産地品種銘柄だけではなく、消費形態の変化に対応し地域の実態に応じた「普通食味・低価格」の米生産が求められているのである。「米政策の見直し」に関連して2015年度から実施されている「米穀周年・需要拡大支援事業」においても、生産者、集荷業者・団体にはそうした観点からの取り組みが課題となる。

なお、「品質」問題に関連しここで指摘しておきたいことは、農産物は産地の生産・販売段階では品質、規格などによって価格も細かく設定されながら、消費者が購入する段階では必ずしもそうなっていないのが一般的なことである。これはすべての農産物に指摘できることであるが、農産物流通にかかわる重要な問題で、品種・品質と流通経路が多様化すればするほどこのギャップが拡大する可能性もある。したがって米についてもそうした問題への対応も今後の課題であることを付言しておきたい。

（注）

（1）この研究会は研究者、生産者、ジャーナリストで構成され、筆者もその一人で、約3年間で22回の研究会と現地調査を行い答申した。

（2）「AFC Forum（２０１６・２）」（日本政策金融公庫　農林水産事業本部）15ページ。

（3）「日本農業新聞」（２０１６年1月26日）

第3節　米の需給と輸出入問題

（1）米の需給動向とその特徴

これまで述べた米の生産と消費を考えるうえでも、米全体の需給動向についての認識が必要となるが、そのために示したのが**表2－4**である。この表から明らかなように、わが国の米の国内生産量と国内消費仕向量は減少傾向にあり、２００５年度に対し２０１４年度はそれぞれ96％と98％に低下している。さらに国内仕向量の内訳をみるととくに粗食料の減少が大きく11％も低下し、国内消費仕向量に占める割合も94％から88％となっている。これに対し種子用、加工用は大きな変化はないが飼料用はとくに２０１４年度では著しく増大し、今後米需要の多様化が一層進むことが予測される。一方輸入米は年度により若干の変動があるものの輸入量には大きな変化はなく、そのため国内生産量に対する割合は常に10％程度を占めている。

こうした最近の米需給動向は総需要量が減少しながらも米の用途が拡大し、しかも輸入米への依存度が高まる傾向にあると特徴づけることができる。政府の米需要量の予測でも２０１３年／２０１４年の７８６・６万トンが２０１６年／２０１７年には７６２・４万トンに減少するとしているが、この需要見通しの直線は右下がりになっているので今後さらに低下するものと予測される。それは主食用米を中心に当然国内の米需要量も減少していくことを意味するので、米の輸入量が現状程度でも国内消費仕向量に占める割合は高まることが予測される。ＴＰＰ合意などにより輸入米が増大するとその依存率は一層高まることになるが、これは米需給と水田農業だけでなく国民食料の安定供給の観点からも重要な問題なのはいうまでもない。

表 2-4　最近における米の需給動向

（単位：千トン、％）

年度	国内生産量①	外国貿易		国内消費仕向量					割合	
		輸入②	輸出	合計③	うち粗食料④	飼料用	種子用	加工用	②/①	④/③
2005	8,998	978	179	9,222	8,659	7	51	328	10.9	93.9
2010	8,554	831	201	9,018	8,411	71	42	322	9.7	93.3
2011	8,566	997	171	9,018	8,157	216	44	373	11.6	90.5
2012	8,692	848	132	8,667	7,917	170	44	374	9.8	91.3
2013	8,718	833	100	8,697	7,995	111	46	383	9.6	91.9
2014	8,638	856	96	8,792	7,746	504	41	343	9.9	88.1

（資料）各年度の「食料需給表」（農林水産省）

(2) 米の輸入・輸出問題と今後の課題

1 米の輸入問題：MA米を中心に

①MA米の輸入制度と輸入動向

ウルグアイ・ラウンド（以下「UR」）交渉でミニマム・アクセス（以下「MA」）を受け入れるまでは、わが国は米の輸入をほとんど行っていなかった。しかしURでは関税化しないことを条件に特例措置として初年度は国内消費量の4％、6年目以降は毎年0・8％増加し、最終的には8・0％までの米輸入について合意した。このMA米は国による一元的輸入制度であったが、それ以外でも枠外税率（341円/kg）を支払えば国の許可による輸入も認められていた。それが1999年度には関税を払えば誰でも輸入できるように自由化され、同時にそれ以降の輸入米増加率は0・4％に半減され、MA米の輸入数量も当初の85・2万トンから76・7万トンに縮減され現在に至っている。

周知のように、このMA米には一般輸入とSBS（Simultaneous Buy and Sell：売買同時契約）輸入の二つの方式があり、前者は中粒種と長粒種が対象で国が契約した輸入業者（落札業者）から米を買い入れ、入札により国内の実需者に売り渡す制度であり、後者は短粒種が対象で輸入業者と国内実需者が国の入札に参加し、国の売渡価格と買入価格との差額（マークアップ）を国に支払うもので、国がマークアップの高い順に落札し輸入業者からの買い入れと実需者への売り渡しを同時に行う制度である。

このＭＡ米の輸入動向を示したのが**表２－５**である。表から明らかなように、１９９９年度に米輸入が自由化された翌２０００年度以降、ＭＡ米の輸入量は77万トンとなっているが、最近の動向を輸入制度別にみると大半が一般輸入で、10万トン程度とされているＳＢＳは国別ではアメリカとタイがほぼ同量でこの２国で輸入全体の90％程度を占めているが、近年減少傾向を示している。また、輸入米の種類は前述したように、一般輸入は中粒種と長粒種が対象であるが、以前僅かではあるがみられたうるち・もち砕精米はなくなり、近年ではすべてうるち精米となっている（表示省略）。

このＭＡ米の輸入開始から最近時まで（１９９５年４月～２０１５年10月末）の輸入総数量は１４２５万トンで、内訳は主食用１３５万トン、加工用４５３万トン、飼料用４３１万トン、援助用３１３万トンとなっており、その結果在庫も73万トン生じている(1)。ＭＡ米は本来的に

表 2-5　MA 米の輸入量と輸入価格の動向

（単位：万玄米トン、円/トン）

年度	ミニマムアクセス米輸入量			輸入米の国別動向					輸入価格（一般輸入米の落札価格）
	合計	一般輸入	SBS輸入	アメリカ	タイ	中国	オーストラリア	その他	
2010 年	77	72	4	36	35	2	4	0	70,121
2011	77	66	10	36	24	6	7	4	56,988
2012	77	66	10	36	28	5	6	1	60,144
2013	77	70	6	36	35	0	4	1	67,041
2014	77	75	1	36	33	6	1	1	86,809
2015	77	73	3	36	34	6	0	1	75,471

（資料）「米をめぐる関係資料（平成 28 年 3 月）」および「一般輸入米入札結果の概要」（いずれも農林水産省）

（注）「輸入価格（一般輸入米の落札価格）」は各年度の入札回ごとの落札価格を落札数量により加重平均して算出したものである。

は「輸入機会の提供」であり、当時の細川内閣も「米のミニマムアクセス導入に伴う転作の強化を行わない」（閣議了解）としていたが、毎年度77万トンが輸入されていることは実質的には「輸入義務」となっていることを示している。

一方一般米の輸入価格をみると、2011年度は前年より低下しているがそれ以降は上昇するなど食糧需給の国際的動向を反映し変動しているが、トン当たりで5万7000円～8万7000円で60kg当たりに換算すると3400円～5200円となる。政府はこれにマークアップを加算して売り渡しているが、MA米が国産米の生産に重要な影響を及ぼしている現在、その財政負担も看過できない問題である。

②MA米の輸入価格と財政負担問題

MA米の輸入価格は輸入年度だけでなく輸入制度、輸入国、輸入米の種類により大きく相違している。政府はこれを買い入れ一定のシステムにより実需者に売り渡すのであるが、その販売価格は用途によっても大きく異なり、援助用や在庫ではすべての費用を国が負担することになる。その財政負担の最近における動向と1995年度以降最近時までのMA米にかかわる負担総合計を示したのが**表2－6**である。

MA米の財政負担の動向をみると、発足当初はそれほど多額ではなく損益がプラスになる年度もあったが、2000年代に入ると損益合計はマイナス傾向を強め、表で示したように2005年度の損益は２０７億円のマイナスであった。それが２００９年度以降は毎年度３００億円以上のマイナスとなり、２０１２年度は85億円に減少したがその後再度増加し、２０１４年度はマイナス４１２億円となっている。この負担額を１９９５年度以降２０１４年度までを合計したのがＭＡ米負担総合計で、総額は３１３５億円に達する。

この財政負担を輸入量60kg当たりで試算すると、１９９５年度から２０１５年10月度までの総輸入量は１４２５万トン、２０１４年度の輸入量は77万トンなので、総輸入量平均では１３２０円であるが、２０１４年度の単年度では３２１０円となる。

周知のように、食管法の下では食糧管理特別会計を設置し国産米については財政負担が行われていた。これは「食管赤字」と批判されたが、その実態を１９８７年度のコスト逆ザヤ（政府買入価格－政府管理経費）でみると、60kg当たり３１１５円であった(2)。この１９８７年度は米の過剰基調が強まっていたため、生産調整目標を水田利用再編対策より拡大し77万haとした水

表 2-6　MA 米の損益

（単位：億円）

項目	2005年度	2011年度	2012年度	2013年度	2014年度	MA 米負担総合計
売買損益①	▲22	▲224	36	▲28	▲295	84
売上原価	▲439	▲649	▲501	▲485	▲629	▲8,984
買入額	▲523	▲620	▲518	▲498	▲629	▲9,380
売却額	417	425	537	457	334	9,068
管理経費②	▲185	▲138	▲121	▲122	▲117	▲3,219
保管料	▲170	▲92	▲82	▲86	▲89	▲1,899
損益合計（①＋②）	▲207	▲362	▲85	▲150	▲412	▲3,135

（資料）「米をめぐる関係資料（平成 28 年 3 月）」（農林水産省）
（注）「MA 米負担総合計」は 1995 年度～2014 年度までの合計額である。

田農業確立対策が開始された年度であり、したがって批判が強い食糧管理特別会への繰り入れは削減されつつあったが、それでも国内米管理勘定はまだ4000億円以上となっていた。

60kg当たりでみてこの1987年度より2014年度の輸入MA米に対する財政負担が上回っていることは、国内米に対する財政負担より輸入米に対する財政負担が上回っていることを意味する。同じ財政負担でも食管法の全量国家管理の下でのコスト逆ザヤと輸入MA米では性格が異なるので同一に論ずることはできないとする意見もありうるが、輸入米の財政負担が米過剰基調であったときの国産米の財政負担を上回っていることは無視できない問題である。今後米輸入量が増大すればその財政負担も増大する可能性があるので、当初の閣議了解にもかかわらずMA米は国内の米の需給と価格に大きな影響を与え、生産者の不安を強めているだけに、需給調整をしているにもかかわらず実施されているMA米輸入は財政負担だけでなく国政の在り方としても問われる問題といえる。

③TPP合意と米の輸入問題

TPP交渉で日本政府は、アメリカ産とオーストラリア産合計で7・8万トンのSBS方式による輸入を認めた。そして現行の国家貿易制度や枠外税率を維持できたこと、この結果これまで通り国家貿易以外の米の輸入増は認めがたいこと、新たな国別枠の輸入量に相当する国産米を政府が備蓄米として買い入れることを強調しながら、輸入米の増加が「国産主食米の需給及び価格に与える影響を遮断できる」ので、米についても生産減少額はゼロで影響はないとした試算を取りまとめた。

もともと今回の合意についての政府による影響試算を前回試算（2013年3月）と比較すると、農林水産物減少額約3兆円→1300～2100億円、食料自給率（カロリーベース）27％→39％、国内総生産（GDP）増加額3・2兆円→13・6兆円など、損失を過少に評価しながらその効果を高く推定するという政策的意図が指摘できた。前回示されていた1・6兆円程度の農業の多面的機能喪失額が示されていないのはその一例である。

米についても同様である。前回試算では米だけで生産減少額は1兆100億円とされていた。それは各輸出国は日本国内のニーズに合った短粒種や中粒種の生産拡大を目指すので、とくに国産米と遜色のないアメリカ産とオーストラリア産の輸入により国内生産量の30％が置き換わるとともに、輸入米と競合する国産米価格はもちろん競合しない国産米の価格も下落するからであった。この生産減少額は農林水産物の生産減少額の34％を占めとくに新潟県、北海道、秋田県、福島県、茨城県の米主産県では影響が大きいとし、県名を示しながらその影響について述べていた。

このように前回試算ではアメリカ産とオーストラリア産を明記しその影響を試算していたが、今回のTPP合意ではその両国からの輸入を受け入れたにもかかわらず試算では影響がゼロとされている。これは試算の前提が異なっているという理由だけでは説明できないことである。実際大筋合意後米主産県はその影響を試算しているが、それをみると新潟県92億円、茨城県58億円、青森県23億円、岩手県21億円、滋賀県18億円、福井県15億円などとなっており、政府による「米の影響ゼロ試算」は極めて恣意的で政策的意図に基づいたものとして強く批判されている。

しかもＴＰＰ合意では協定発効後7年後にアメリカなどと再協議も規定されているが、それとは別に「文書化されていない約束」としてＭＡ米の中に設ける6万トンの加工用中粒種米の枠で、その8割をアメリカ産とすることを「保証」しているとも報じられている(3)。これはＭＡ米の輸入総量を増やすものではなく、政府もアメリカ業界の意向であると否定しているが、万一事実だとすれば米の価格と需給に影響を及ぼすことは必至で、ＴＰＰで既に大筋合意しているＳＢＳによる輸入枠の増大とともに今後注目していく必要がある。

いずれにしてもＴＰＰ大筋合意の内容が明らかになるにしたがいその影響の重大さが指摘されているが米についても同様で、改めて価格補償制度と需給対策の確立が求められている。

2 米の輸出問題

近年米についても輸出が行われているがその量は**表2－4**で示したように国内生産量の2％前後で、しかも東北大震災後は放射能汚染問題などがありむしろ減少傾向にあった。しかし「農と農林業の再生推進本部」（以下「再生本部」）が2011年10月に示した「我が国の食と農林漁業の再生のための基本方針・行動計画」（以下「再生方針」）では、既に「国産農林水産物・食品の輸出戦略の立て直し等」が示されていた。この輸出強化政策はＴＰＰ合意を受け一層強調されているのが実態である。

政府はTPP合意により関税の引き下げ、貿易の円滑化・非関税障壁の削減により輸出入の拡大による成長メカニズムの構築を強調し、農産物輸出についても現在の輸出額を倍増した1兆円目標を掲げ、米についても世界的日本食ブームを強調し、価格は高いが良食味の日本米の輸出拡大を目指している。そのため輸出促進体制を整備しているが、一般業者もTPP加盟各国間での関税障壁が段階的に引き下げられることを見込んで海外での市場開拓に力を入れるようになっている。農協組織も同様で、全中をはじめ全国機関による「JAグループ輸出推進対策本部」を設置し、農産物輸出の拡大を目指している。

ただわが国の農業生産には一部の農産物を除き地域内消費を目的とする特徴が指摘でき、**表2－4**で米の国内生産量に対する割合をみても、輸入に比して輸出が低いのはそれを示している。これは身土不二ともいわれるように農業本来の在り方とみることもでき、輸出を目的とした欧米諸国の農業とは異なり、地域に密着し風土的にもふさわしいのがわが国の米生産であるということもできる。いうまでもなく風土とは自然科学的にみた単なる自然条件そのままではなく、長期にわたる人間共同の主体的営為の歴史的社会的存在であり、米生産に関連していえばいまなお全国にみられる水路と溜池および棚田の存在がそれを象徴している。米を含めわが国の農業生産にはアメリカなど欧米やオーストラリアなどと異なった特徴がみられるのもそのためである。

したがって今後の米需給政策においてもこの認識が重要で、国内生産量に占める重要性からいっても、国民食料としての国内需給を基本に据えた対策強化が求められており、その途にこそ国内農業生産と水田農業の真の発展があるといえる。

しかしこれは米輸出の意義を軽視することを意味するものではない。世界的にも日本米についての評価が高く、単収増により米生産量が増大すれば輸出への志向が強まることも予想される。政府の政策もありすでに農産物の輸出増大に期待し、取り組みを強めている産地や業者もみられ、米についても輸出対策の強化が必要となっているのはいうまでもないが、とくに農協組織については民間企業とは異なり、協同組合原則に基づいた協同組合間協同による貿易拡大が求められているといえる。

なおこれまでは米輸出だけについて検討してきたが、これは農産物輸出全体にもかかわる問題なのでその実態と課題についても簡単に述べておきたい。わが国の２０１５年における農林水産物・食料品の輸出額は７４５１億円で前年の６１１７億円に対し22％増大しているが、その内訳をみると穀類等４・９％、畜産６・３％、野菜・果実等４・７％で、農畜産物合計でも15・９％にすぎない。これは加工食品29・８％の僅か半分で、しかもこの中には調整品も含まれているので、農畜産物そのものの割合はさらに低くなる。

このように割合は低くても今後農産物の輸出を拡大していくためには、ＨＡＣＣＰ（危害要因分析・重点管理）に基づく衛生管理の義務化や国内だけでなくグローバルなＧＡＰ（農業生産工程管理）への対応強化が不可欠な課題となるのはいうまでもない。これは食料・農産物の安全性確保の上から国内対策としても強く求められていることであるが、農産物輸出拡大にはこうした多様な課題もあることを改めて強調しておきたい。

（注）

（1）「米をめぐる関係資料」（農林水産省　2016年3月）

（2）「食糧管理の現状」（食糧庁企画課　1988年8月）

（3）「日本農業新聞」（2016年5月20日）

第3章　水田利用の多様化と米需給政策の課題

第1節　水田利用の現状と課題

（1）水田利用の特徴と複合化問題

1 水田利用の実態と対策の特徴

はじめに最近における水田の利用状況を示すと**図3－1**の通りである。図からも明らかなように、田本地面積231・9万haのうち作物作付面積は213・7万haなので水田利用率は92・2％となるが、二毛作地が13・6万haあるので、それを含めると作物が作付された延べ面積は227・3万haとなり、水田利用率も98・0％に高まる。さらに作物作付面積のうち水稲作付面積が163・9万haで水稲作付率は76・7％となるが、そのうち主食用米面積は147・4万haなので、水稲作付面積に占める主食用米率は89・9％となっている。

図3-1　水田の利用状況（2014年度）　（単位：万ha）

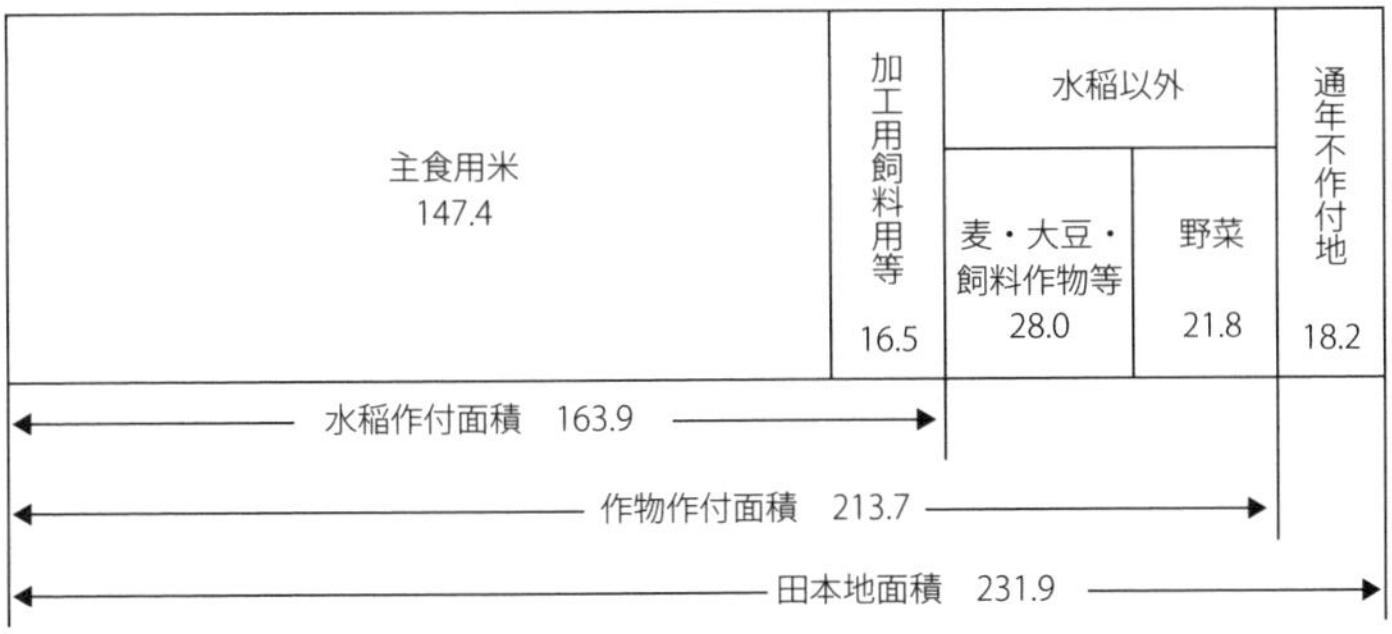

（資料）「米をめぐる関係資料」（農林水産省　2015年11月）

この実態を1965年度の水田における水稲作付率と対比してみると、わさび、くわい、せり、いぐさなどを栽培する特殊田を除いた普通田面積の385千haに対し水稲作付面積は312千haなので、その割合は90％を超えていた。ここでいう水稲は当然主食用米であるが、この割合は生産調整の開始まで続き、直前の1970年度でも83％を示していた(1)。しかしその後生産調整が強化されるにしたがい水田における水稲作付率は70％台に低下し水稲以外の作物の作付率が増大して現在に至っている。こうした経過をみると生産調整には多くの問題があったとはいえ、米生産と水田利用の在り方を改革するうえで注目すべき重要な契機になったことは確かである。

いずれにしてもここで示した水田利用率、水稲作付率、主食用米率は相互に関連しており、最終目標である水田利用率の向上を図るためには当然、水稲作付率と主食用米率の改善が現在の課題となるが、それを考える上でもはじめに水田利用率問題について検討したい。

わが国の水田利用率の推移をみると、生産調整開始以前の1960年代は110％前後を示していたが、生産調整が開始され、当初は休耕も奨励金交付の対象とされるなど米生産の抑制が強められたため、水田利用率は100％を下回るようになった。しかし生産調整が一定期間を区切って計画的に実施されるようになると、米生産の抑制とともに「稲から自給力向上の必要性が高い飼料作物、大豆、麦等に重点をおいた他作物への転作」が重視されたため、80年代前後から水田利用率は再び100％を上回るようになっていた。それが90年代初期まで継続していたが、その後は転作などの生産調整奨励補助金の縮減合理化が強化されると水田利用率は再度100％を下回るようになり現在に至っている。2014年産でも単純に計算すれば92・2％、二毛作地を含めればほぼ100％になっているのも、こうした経過が反映されている。

この水田利用率を向上するうえでも重要なのは水稲以外の作物の作付率であるが、これは逆にみれば水田利用の複合化問題ともいうことができ、食料自給率を向上するうえからも重視されてきた。最近でも民主党の戸別所得補償制度で「水田活用の所得補償交付金」制度が示されていたが、その後再度政権についた自民党の「農林水産業・地域の活力創造プラン」でも「水田のフル活用」を重視し、「水田活用の直接支払交付金」制度が提示された。この制度は「戦略作物助成」、「二毛作助成」、「耕畜連携助成」、「産地交付金」に分かれているが、このうち「戦略作物助成」と「二毛作助成」についての交付金を示すと**表3－1**の通りである。

まず戦略作物とされている麦、大豆、飼料作物についてみると、交付単価は10ａ当たり3・5万円となって

表 3-1　水田活用の直接交付金制度

(1)　戦略作物助成の対象作物と交付単価

対象作物	交付単価
麦、大豆、飼料作物	3.5 万円/10 a
WCS 用稲	8.0 万円/10 a
加工用米	2.0 万円/10 a
飼料用米、米粉用米	収量に応じ 5.5 万円～10.5 万円/10 a

(2)　二毛作助成の作付パターンと交付金額

作付パターン（例）	交付金額（10 a 当たり）
主食用米＋麦	（米の直接支払）＋1.5 万円
麦＋大豆	3.5 万円＋1.5 万円
飼料用米＋麦	5.5～10.5 万円＋1.5 万円
米粉用米＋飼料用米	5.5～10.5 万円＋1.5 万円

（資料）「米をめぐる関係資料」（農林水産省　2015 年 11 月）

いるが、民主党の戸別所得補償制度でも自給率向上のための戦略作物への直接助成として麦、大豆、飼料作物を対象に10ａ当たり３・５万が示されていた。自民党の「水田フル活用」はこの戸別所得補償制度を引き継いだものといえるが、例えば１９８７年開始の水田農業確立対策では麦、大豆、飼料作物に対しては基本額に生産性向上加算を加えれば2万４０００～４万００００円の助成補助金が交付されていたので、この交付金単価は生産調整における助成金制度を大筋で引き継いでいるということもできる。

問題はこの助成額の水準をどう判断するかであるが、それを検討するために示したのが**表３－２**である。この表は米と小麦、大豆の10ａ当たりの収益を試算したものであるが、米は水稲なので小麦、大豆も田作で、いずれも全国の最近３カ年の平均指標を比較したものである。表からも明らかなように、米との格差を計算すると粗収益では小麦９万７４４０円、大豆８万６９２５円、所得では小麦で５万６９３９円、大豆で４万４１２３円となっている。農作物では年産ごとに単収、価格が変動するので３カ年平均で試算したが、それでも年産によ

表 3-2　米と小麦、大豆の所得格差（10a 当たり）

（単位：kg、円、時間）

項目	2012 年産～2014 年産の平均			10a 当たり所得を米と均衡（試算）	
	米	小麦	大豆	小麦	大豆
収量	528	368	177	1,793	486
粗収益	112,162	14,722	25,237	71,661	69,360
所得	23,369	▲33,570	▲20,754	23,369	23,369
労働時間	25.39	5.21	7.68	5.21	7.68

（資料）「生産費調査」（農林水産省）
（注）小麦、大豆はいずれも「田作」で、単収以外はすべて変化なしとして試算した。

る変動は避けがたい。したがってこの試算で示した格差を固定的に考えることはできないが、戦略作物に対する10ａ当たり3・5万円の助成は決して十分といえないのが実態で、最低限の措置である。

ただ今後の水田利用の多様化を進めるうえでは可能な限り政府助成に依存しないことが重要な課題となる。そこで少なくとも10ａ当たり所得が米と均衡する粗収益を上げるための収量を他の条件に変化がないものとして試算すると小麦では1793kg、大豆では486kgとなる。これは一定の仮定の下での試算した単収であり、とくに小麦では実態と大きく乖離しているが、ただ現在の状況ではこの水準の単収があれば小麦、大豆は政府助成がなくても米と同額の所得が確保できることになる。

そこで明らかなことは、現在畑作の麦、大豆などを対象に全算入生産費をベースにした不足払制度（ゲタ対策）が実施されているが、今後はこれら自給率の低い麦、大豆などについては田作も含めた生産振興対策が求められていることである。ただその際重要なことは需給にミスマッチが起こらないように用途に応じた良質多収品種の開発・普及と技術の平準化などの生産対策および流通改善と需要開発など、中長期的課題への総合的対策が不可欠である。

こうした中長期的課題への対応を強調するのは、これまでも麦や大豆の生産振興に関しては、実需者から国内生産物は輸入農産物に劣るという意見があり、需要の伴わない生産量増大となる危険性が指摘されていたからである。同時に本来は畑作物である麦、大豆などの生産振興には用水路・排水路の排水条件などの土地基盤の整備による水田の汎用化および農機具利用体系の構築なども不可欠なのはいうまでもない。

2 水田利用度向上対策の課題

水田に水稲以外の多様な作物が生産されるという複合農業は欧米などにはあまりみられないわが国農業の特徴を象徴している。アジアのモンスーン地帯で営まれているわが国の水田農業には中耕農業という特徴があるが、この中耕農業は湿潤な地帯で行われているため保水や除草の労働が必要で、ヨーロッパの休閑農業のように栽培面積を拡大し労働を粗放化するよりも集約化した方が収量も多いという特徴が指摘できた(2)。ここで指摘されている特徴はわが国の水田農業が本来目指すべき将来像は欧米とは異なっていることをも示している。

もちろん現在地球規模の天候変動と経済のグローバル化などにより世界の米生産地図も変化しており、わが国の水田農業についても固定的ではなく新たな認識が求められている。しかし変化しているとはいえ、日本の水田農業には風土的特徴があるのは動かしがたいことなので、今後ともその特徴を活かした対策が求められているのである。

水田農業にはこうした風土的特徴があるが、前述したように水田で生産振興が重視されている麦、大豆、飼料作物などは本来的には畑作物なのでその生産振興には水田の基盤整備が不可欠となる。例え助成金により水稲との所得格差が解消されることが明らかであっても、実際に生産不可能な水田条件ではそれは絵に描いた餅にすぎないからである。

この問題を検討するために掲げたのが水田の整備状況を示した**表3－3**である。まず区画であるが、もともとわが国の水田は地形上傾斜地が多いだけでなく、人力主体で畜力も利用されたが区画自体は極めて小規模であった。それが機械化の進展とともに基盤整備により拡大され、30ａ程度以上の区画が63・4％になり、排水良好な水田も43・4％となっている。こうした大規模区画や排水条件の整備は米生産の効率化だけでなく麦、大豆などの生産量増大や品質改善にも寄与し、水田利用度を向上させる要因となっている。

しかし逆にみると30ａ区画ですら60％近くが排水不良田であるが、それ以下の小区画水田ではもともと湿田が多いので排水不良田の割合はもっと高くなる。基幹的水利施設のうち耐用年数を過ぎている施設も50％近くに達しているので、二毛作も含め麦、大豆、飼料作物の生産を将来とも継続的に発展していくためには、ここで示した実態の改善が必要である。こうした水田の基盤整備や水利施設の整備が進めば大規模経営や生産組織での田畑輪換とともに生産調

表3-3　水田の整備状況

（単位：万ha、箇所、％）

区分		実数	割合
耕地	耕地面積（田）	246.5	100.0
	うち30ａ程度以上の区画	156.4	63.4
	うち排水良好	107.1	43.4
施設	基幹的水利施設（箇所）	7,469	100.0
	うち耐用年数超過	3,509	47.0

（資料）「農業生産基盤の整備状況について」（農林水産省農村振興局　2015年3月）
（注）ここでいう「基幹的水利施設」とは農業用排水のための利用に供される施設であって、その受益面積が100ha以上のもので、具体的には貯水池、取水堰、用排水機場、水門等、管理設備である。

整備で行われた地域単位でのブロックローテーションなどの合理的な土地利用方式の推進も展望できるのである。

なお、土地基盤整備には財政負担が必要となるが、それについては国民的な合意が必要なのはいうまでもない。

（2）飼料用米生産への取り組みと課題

既に**図3－1**に基づき主食用米とともに加工用・飼料用等の水稲が水田利用上重要になっていることについて述べたが、その詳細を示したのが**表3－4**である。この表が示している注目すべき特徴は、わが国では主食用米以外の多様な用途の水稲生産により水田利用度の維持向上が図られているが、なかでも飼料用米とWCS用米（稲発酵粗飼料用稲。以下同じ）の割合の合計が2010年産の83・0％から2015年度には94・0％となり、相対的にも絶対的にも年々高まっていることである。とくに2015年産は政府の政策もあり増大は著しく、水田利用度向上の観点からもWCS用稲も含めた飼料用米（以下

表 3-4　新規需要米等の用途別取組状況

（単位：千 ha）

用途区分	2010 年産	2011 年産	2012 年産	2013 年産	2014 年産	2015 年産
米粉用米	5.0	7.3	6.4	4.0	3.4	4.2
飼料用米	14.9	34.0	34.5	21.8	33.9	79.8
WCS 用米	15.9	23.1	25.7	26.6	30.9	38.2
バイオエタノール用米	0.4	0.4	0.5	0.4	0.4	0
輸出用米	0.4	0.3	0.5	0.5	1.1	1.5
酒造用米	−	−	−	−	0.9	1.4
その他	0.5	0.5	0.6	0.5	0.5	0.3
合計	37.1	65.6	68.1	53.7	71.1	125.5

（資料）「米をめぐる関係資料（2016 年 3 月）」（農林水産省）
（注）(1)四捨五入の関係で合計が一致しない年産がある。
(2)「その他」はわら専用稲、青刈り用稲等である。

「飼料用米など」）は今後の重要な課題であることが明らかである。

この飼料用米問題はこれまでの経過を踏まえると、大きくは直接的な需給問題と国の政策問題の二つに大別できる。

1 直接的な需給調整対策の課題と対応

直接的な需給問題でまず重要なことは、家畜飼料としての米の位置づけとその生産についての認識である。いまさらいうまでもないがWCSとは子実が完熟する前に稲を刈り取り、穂と茎葉を丸ごとサイレージ（発酵）化した牛向けの飼料で、一般的な青刈りトウモロコシサイレージと同程度の栄養価があり、また飼料用米は家畜の飼料原料として生産される米（稲の子実）で、栄養価はトウモロコシとほぼ同等とされている。いずれも稲が元なので、排水不良田や未整備田でも栽培が可能で、田植えや水管理なども通常の稲と同じで農機具などへの新たな投資も必要がない。したがって稲作生産者にとってのメリットは大きく、畜産農家にとってもWCSは長期保存が可能で年間または冬季でも安定した供給が可能なことがメリットとして強調されている(3)。

しかし主要な米産地では主食用米での「良食味・高価格」が生産の最優先課題とされてきたため、飼料用米生産は産地品種銘柄のブランドイメージにとってマイナスになるとする意識がいまもなお存在している。したがって水田利用度向上のうえから飼料用米生産の重要なことを理解していても、地域ぐるみの取り組み推進に困難が伴う実態もみられるのである。現在、政府の助成措置もあってこうした意識も改善され飼料用米などの取り組みが強まっているが、今後この取り組みを継続発展していくためには、水田の利用度を向上するうえでも主食用以外の多様な用途の米生産についての認識を強めることが課題となる。

さらに飼料用米生産には主食用米との混入問題がある。そのため政府は飼料用米の生産量拡大を図ることを目指し主食用米の混入率の検査基準を緩和しているが、産地のカントリーでは主食用米のあと飼料用米を搬入したり、さらに生産段階から両者の栽培時期をずらすなどの工夫がされている。なおカントリーで主食用米を先に搬入するのは主食用米に飼料用米が混入するのは問題であるが、逆の混入は問題ないからである。今後飼料用米などの生産がさらに拡大すると両者を区別した生産圃場の団地化や農業機械・施設などの利用対策なども重要な課題となる。

直接的な需給で最も重要な問題は需給のミスマッチである。現在の飼料用米そのものの生産・流通は生産者→農協など集荷保管組織→配合飼料工場→畜産農家等実需者となっており、生産者と実需者は離れているのが一般的で、そのため需給のミスマッチの指摘が多くみられる。

今後この需給のミスマッチを改善するには、飼料用米の広域的流通体制を実態に即し改善する必要があるが、それだけでなく前述した主食用米との混入を抑制するうえでも生産者と需要者の距離を可能な限り短縮し、価格・品質についての合意を図ることも課題となる。

そのためには地域ぐるみの生産者（団体）と消費者（団体）との提携強化による耕畜連携体制の確立が重視され推進が強化されているが、全国にある多くの例の一つに山形県・遊佐町における「こめ育ち豚」がある。周知のようにこれは遊佐町、平田牧場、生活クラブ生協などによる「飼料用米プロジェクト」による「農家・畜産業者・消費者が一つの土俵を構築し、循環型農業・耕畜連携による国内自給の重要性」を認識し、２００４年からはじめられた取り組みである。

この取り組みの重要な特徴は当時の「共同開発米」の１kg当たり２７７円に対し輸入トウモロコシは約20円という途方もない価格差があったが、飼料用米に関する技術的な検討と豚肉の品質に対する影響などを研究し、結局生協組合員から「おいしい」と評価されたところにある。この結果大規模生産者をみても転作面積に占める飼料用米などの米による転作面積の占める割合が高く、地域農業の生産体系にしっかり位置づけされ、現在に至っている(4)。

こうしたおいしい良質の豚肉を目指し、生産者が実需者の意見も取り入れ飼料用米自体の改善を図っているのは㈱北守にも共通してみられる注目すべき特徴である。この千葉県山武市の㈱北守は年間約2万頭を出荷する養豚一貫経営で大規模稲作集団を含む約60戸から飼料用玄米を購入しているが、試行錯誤しながら配合率を検討し品質上遜色のない豚肉をトウモロコシより幾分低い価格で生産できるようにしたという(5)。

組織的であれ個人経営であれこうした取り組みの共通した特徴は、飼料用米生産者と実需者および消費者が一体となり飼料用米飼料の改善に努めていることにあるが、これは今後の飼料用米などの自給飼料生産拡大に強く求められている基本ともいうべきことである。ここで示したのはいずれも飼料用米の例であるが、WCSでは子実ではなく稲で広域的な運搬には困難が伴うので、地域における多様な組織・個人の協力体制による安定的な需給体制の確立がとくに重要なのはいうまでもない。

なお、飼料用米にみられる生産者と消費者との提携による農産物の生産・消費拡大への取り組みは大豆畑トラスト運動でもみられるが、こうした生産者と消費者の提携は飼料用米や大豆だけでなくすべての農産物の生産・消費にかかわる課題である。

2 国政上の課題と対策の重要性

これまでは地域における取組中心に飼料用米などの生産（者）と需要（者）の結合について述べてきたが、飼料用米も含め自給飼料対策での最も重要なのは価格問題である。周知のようにわが国の純国内産飼料自給率は27％で、濃厚飼料では僅か14％に過ぎずわが国は飼料穀物の輸入大国である（2014年度）。いまその代表であるトウモロコシについてみると輸入量は1460〜1470万トン程度で、その約75％の1100万トン前後が飼料用で、しかも国内生産される配合飼料原料の43％を占めている(6)。

そのトウモロコシ価格は近年上昇傾向にあるとはいえトン当たり2万5000〜3万0000円

程度で、飼料用米もこれを目安に取引されている。この価格は60kg当たりに換算すると1800円程度であるが、主食用米は下落しているとはいえ1万3000円程度である。したがって主食用米に代えて飼料用米を生産し、しかも生産者に主食用米と同程度の所得を補償するためにはその差額の1万1200円程度の補てんが必要となる。既に**表3－1**で示した飼料用米に対する10a当たり最高10万5000円の助成措置はそのためであるのはいうまでもない。

現在、飼料米専用種について当面10a当たり700～800kgの玄米収量が目指されているが、飼料用米助成の最高10万5000円を主食用米の単収で換算すれば60kg当たり1万1500円程度となるが、これは前述した差額の1万1200円とほぼ同額である。つまり飼料用米生産には少なくとも10万5000円の助成が必要とされるが、飼料用米の生産面積が2014年産の33・9千haから2015年産には79・8千haと2・4倍に急増しているのもこの助成があるからである。

現在飼料用米の供給量は生産量18万トンとその他（備蓄米・MA米）85万トンの合計103万トンであるが（2014年度）、政府は今後の利用可能量は450万トンが見込まれるので、2025年までの生産努力目標として110万トンを掲げている(7)。こうした需要量増大に応えるためには飼料用米をはじめ飼料穀物の長期的・計画的な生産振興政策の確立が課題であるが、そのためにも政府による助成措置の継続的実施が不可欠である。もちろん今後は超多収品種の開発や直播栽培などの省力化により可能な限り低コストで飼料用米を生産し、この財政負担額を縮小することが国民的な課題であるのはいうまでもない。

ただ飼料用米など自給飼料についてこうした助成措置も含めた対策の重要性が強調されたのはこれが初めてではない。一例を示せば生産調整における転作の一環として多用途米生産が重視されたが、「80年代の農政の基本方向（１９８０年10月）」ではわざわざ「飼料穀物生産の検討」の項目を掲げ、「現段階で本格的な国内生産を見込むことはむずかしい」としながらも、「食料の安全保障の観点に立った長期的な課題」として超多収品種の育成、飼料穀物生産の収益補てんの程度とその仕組み、米の主食用、工業用、飼料用など用途別の価格問題の検討が必要なことなどが強調されていた(8)。そしてその後の「『80年代の農政の基本方向』の推進について（１９８２年８月）」では多用途利用米の販売価格と生産費との間にある大幅な格差補てん方策具体化の必要性と同時に「飼料用麦の流通の改善」を掲げ、生産者価格水準について可能な限り内外価格差の縮小に努めつつ、「飼料用生産の拡大を図り、飼料用麦生産をわが国の農業の中に適切に位置づけていく必要がある」と述べ、「圃場の集団化、多収品種の開発、栽培技術の改善などによる生産コストの低減や受渡単価の引き上げなどの流通条件の改善」（傍点筆者）などを具体的に掲げていたのである(9)。

農政審議会がこの報告書を取りまとめたのは今から35年以上前のことであるが、ここで示されている内容は現在の飼料用米をはじめ自給飼料対策で課題とされている内容とほとんど変わらない。つまりわが国では、永年にわたり飼料用米などの自給飼料対策が検討され方針も示されてはきたが、それがほとんど実行されないまま現在に至っているのが実態である。それには財政問題などいろいろな原因があるが自給飼料、とくに飼料穀物の生産は当然輸入飼料穀物の削減となり当該飼料穀物輸出国からの抵抗が強いことも無視できない。そしてＴＰＰ交渉など国際的な貿易交渉の進展によりこうした傾向が強まることも十分に予測されるのである。

現在政府は主食用米の需要減少に対応し、水田の利用度維持・向上の上からも飼料用米生産を重視し助成措置も講じていることは前述した。また２０１５年３月に決定された「食料・農業・農村基本計画」でも最近みられなかった「飼料用米等の戦略作物の生産増大」の項目を掲げ、その必要性を強調している。これは食料の安全保障上からも重要な課題であるだけに、その実現を図るためにも１９８０年に農政審議会が示した対策が35年以上過ぎても実現していない原因の究明とそれへの対応こそが強く求められている。

なお飼料輸入は食の安全性にも大きな影響があることを指摘したい。トウモロコシの輸入量の約75％が飼料用で、国内の配合飼料原料の43％を占めていることは前述したが、その輸入トウモロコシの90％はアメリカからでそのすべてが遺伝子組み換えである。わが国では加工食品とは異なり遺伝子組み換えされていても飼料では表示義務はない。遺伝子組み換え農産物の量はトウモロコシだけで米消費量の１・３倍、他の輸入農産物も含めれば2倍以上となり、わが国は国民一人当たりでみれば世界最大の遺伝子組み換え農産物の消費国なのである。

こうした現状から飼料作物に対する助成措置を契機に水田でのトウモロコシを飼料とした「純国産」の畜産物生産の取り組みも12県に広がっており(10)、前述した大豆トラスト運動でも遺伝子組み換え農産物によらない安全な食品を目指しているのはいうまでもない。ＴＰＰの大筋合意後日本への輸入拡大を目指しアメリカではトウモロコシ、大豆だけではなく輸出する小麦についても遺伝子組み換えが主張されるようになっているともいわれているので、飼料だけでなく輸入食料・農産物の安全性は決して軽視できない問題なのである。

（注）
（1）「米価に関する資料」（食糧庁　１９８６年7月）
（2）飯沼二郎「日本農業の再発見——歴史と風土から」（日本放送協会　１９８０年12月）68ページ。
（3）「稲の家畜飼料としての生産・利用の状況」（農林水産省　２００７年12月）
（4）小沢瓦稿「遊佐町における水田作経営での飼料用米の取り組みの実態——経営成立の条件」『水田利用の実態——我が国の水田農業を考える』（筑波書房　２０１６年1月）。
（5）「日本農業新聞」（２０１６年4月22日）
（6）「飼料用米に関する日本飼料工業会のメッセージ」（協同組合　日本飼料工業会　２０１４年5月）
（7）「米をめぐる状況について」（農林水産省　２０１６年1月）
（8）「80年代の農政の基本方向」（農政審議会　１９８０年10月）26〜27ページ。
（9）「『80年代の農政の基本方向』の推進について」（農政審議会　１９８２年8月）33〜34ページ。

(10)「朝日新聞」（２０１６年１月１日）

第2節　米需給政策と水田農業発展の課題

（1）生産調整からみた米需給政策の課題

❶国の責任で開始された生産調整

周知のようにわが国の生産調整は米の過剰が顕在化した１９７０年から開始され、初年度は単年度で緊急避難的であったが、その後は一定の年限を定め、計画的に実施されてきた。この間政策の名称は変更されたが、調整面積と配分および調整態様（転作、通年施行、水田預託など）とそれに応じた助成措置は国の責任で決定し、推進は行政と農業団体など関係機関が一体となって行うことでは共通していた。その特徴は生産調整が一定期間をもって開始された最初の「米生産調整および稲作転換実施要項」（１９７１年３月）をみれば明らかである。そこでは「米生産調整目標数量」、「目標数量の都道府県別配分」は「農林大臣が定める」と明記し、その推進については国、地方をあげて「総合的指導推進体制を整備し、地方公共団体、農林漁業団体などが一致協力して米生産調整および稲作転換に当たる」としていた。

生産調整がこのように国の責任で開始された理由はいうまでもなくこの政策の基本的な特徴に

あった。１９７１年生産調整実施要項は米が恒常的な過剰状態にあるため、米から今後需要増大が期待される飼料作物や園芸農産物および国内生産が減少傾向にある大豆などの適地適産による国土の有効利用を図るとしていたが、これは米過剰の顕在化を契機に水田の単作的利用を改善し、多様な作物の生産増大により、需要の変化に対応した国民食料の安定供給を目指した水田の有効利用政策であったということもできる。当初の緊急避難的政策から一定の期間を定め転作重視の政策に転換され継続されたのもそのためであったが、こうした農業政策の基本である米需給と水田農業の在り方にかかわる政策は国の責任で実施してはじめて可能なことであった。

したがって生産調整について当初休耕助成も認められていたこともあり、単なる米減らしであり「減反」ともいわれるが、その後の経過をみればわが国の生産調整は米から他作物への転作を重視した政策であったところに注目すべき特徴が指摘できた。

これは例えばＥＵのセット・アサイド（Set-aside）とは大きく異なるところである。このセット・アサイドは生産調整と訳されているが、１９８８年に導入を正式に決定した時の指針は「耕地の少なくとも20％を生産調整する必要がある」とし、具体的には休閑などを含めたローテーションを示しながら「これに同意した農業者に補助金を交付する」政策であった。これは明らかに「休耕」政策であり、それ故にこの休耕地を農業生産上良好な条件で維持管理し、環境と自然資源を保全することも強調されたのである(1)。この基本はその後ＥＵとなっても維持されたが、これは転作政策であったわが国の米生産調整とは大きく異なっていたことは明らかである。

こうして国で決定した生産調整目標であるだけにその達成も重視され、そのため普通転作のほか集団転作や青刈り、養魚池をはじめ多様な態様による生産調整が行われそれへの助成措置も講じられた。また政策主体は国としつつも具体的な取り組みは行政機関だけでなく地域に立地した農業団体など関係機関の一体的な推進が強調され、農協組織は重要な役割を担うことになった。

この状況から当初生産調整に反対していた全中は、1969年12月開催の全国・都道府県農業協同組合中央会・連合会会長合同会議で「政府および地方行政機関が責任をもって生産調整を行う」ことを前提に、生産調整に協力することを申し合わせたのである。なお、全中がこの申し合わせをした背景には、米過剰で食管赤字も増大するとして食管廃止意見が強まっていたので、「食管制度を堅持」するうえからも米の生産調整に協力する必要があると認識したからであった。

いずれにしても米の生産調整は国民食料の安定供給対策であり、本来は法律に基づき実施すべきであるとする意見もあったが、実際は法律による政策とほとんど変わりない政府の責任を明確にした行政指導で実施されたところに生産調整政策の重要な特徴があった。この「行政指導」がその後の「水田総合利用対策」と「水田利用再編対策」にも引き継がれたが、それが一方では生産調整目標達成を行政的・官僚的に追及する要因になり、生産調整への批判と矛盾を強める結果にもなったのは周知の通りである。

2 生産者主体の強調と政府権限の縮小

このため1987年から開始された「水田農業確立対策」では、転作目標面積と配分および転作手法と助成措置は変わりなく国の責任で行うこととしたが、対策の推進では「（米需給問題は）農業者自身の問題として主体的に取り組むことが必要」であるとして、「農業者・農業団体の主体的責任を持った取り組みを基礎に行政機関、農業団体など各地域における関係者が一体となって推進する」とした。

その後政府は1992年に「新しい食料・農業・農村政策の方向」（以下「新政策」）を決定した。この新政策では「ポスト水田農業確立後期対策の在り方」として「大規模農業経営体の育成・助長」と「永年性作物、転換畑の定着」を「生産者団体を核」として取り組むとしたが、1993年からの「水田営農活性化対策」では都道府県・市町村への目標配分についても「行政と生産者団体の共同責任で行う」とされた。そして食管法が廃止されて食糧法が制定された直後の1996年から開始された「新生産調整推進対策」では、市場原理の導入と生産者の主体的取り組みがさらに強調されるとともに、政府が米の生産調整目標を決定する前に行政および生産者団体があらかじめ生産調整目標面積のガイドラインとなる数値を提示する方向も示していた。

いうまでもなくこの時期は国内的には細川内閣の成立に象徴されるように政治的には不安定であり、国際的にはUR合意により自由化が促進される状況にあった。生産調整における国の関与の縮小と生産者の自主性重視にもこうした情勢が反映した面があったといえるが、その後この方向が一層促進されることになる。「生産調整に関する研究会」の報告を受けて2002年に取りまとめられた「米政策改革大綱」では「米づくりの本来あるべき姿」が示され、「農業者・農業者団体が主役」となる米需給システムを2008年度までに構築することを目指すとされた。また、米需給調整に関する行政の役割として「農業者・農業者団体の自主的努力を支援することである」と結論づけ、このシステムを地域の実情に応じて実施するため「産地づくり推進交付金」を創設することも提起した。

この「米政策改革大綱」では需給調整の手法を従来の転作面積調整（ネガ配分）から生産数量調整（ポジ配分）に変更したことでも注目されるが、最大の特徴は米需給調整は農業者・農業者団体が主役で国・行政はそれを支援する立場であるとして、生産調整の責任主体を逆転したことである。そして2004年度から実施された「水田農業構造改革対策」はその具体化であった。

その後2009年には自民党の石破農相の下で明らかにされた「米政策に関するシミュレーション」（1次、2次）では生産調整の面積規模と実施の是非について課題を提起したが、その直後に成立した民主党政権では戸別所得補償制度が示された。その特徴は米生産調整政策に関連していえば、各種交付金は対象作物ごとに定められた生産数量目標にしたがって生産した「販売農家」、「集落営農」とされていたので、生産調整に参加するかどうかは生産者の自由意思にゆだねたシステムであったのである。

ただこうして「生産者主体」が強調されたが、それにもかかわらず目標達成のための行政的追及や集落での「共同体的規制」などが継続され、生産調整に対し依然として強い批判が存在したことにはあまり変わりはなかった。そうした背景もあり、民主党に代わって政権に復帰した自民党は２０１３年12月、「農林水産業・地域の活力創造プラン」を取りまとめ（２０１４年６月改定）、「米政策の見直し」を提起したのである。そこでは国の責任で行っている米需給調整は５年後（２０１８年から）を目途に廃止し、「行政による生産数量目標の配分に頼らずとも、国が策定する需給見通しなど踏まえつつ生産者や集荷業者・団体が中心になって需給に応じた生産を行う」ことを明記したが、これは従来のわが国の米需給政策の根本的な転換を意味しているのはいうまでもない。

（2）「米政策の見直し」と需給政策の課題

1 重要な国による目標策定

自民党政府が示したこの「米政策の見直し」は、米需給と水田農業だけでなく国民食料の安定供給にもかかわる重要な問題で、今後それに如何に対応するかが問われている。そこでの課題を検討するためにもはじめに現行法で規定する生産調整の特徴について明らかにしたい。

周知のように食管法に代わり１９９４年に制定された「主要食糧の需給及び価格の安定に関する法律」（以下「食糧法」）は、「米穀の需給及び価格の安定を図るため需給の的確な見通しを策定し」、これに基づき「生産調整の円滑な推進」を行うこととしている（第2条第1項）。そしてその基本指針は政府が定めるとしながら、生産調整方針は農林水産省令の定めにしたがい生産出荷団体が作成することになっているが、それが適切かどうかは政府が認定するとともに（第5条）、併せて生産出荷団体に対する生産調整方針に関する助言および指導も政府に求めている（第6条）。

ここで示した現行法の生産調整の特徴は制定当初の食糧法ではもっと具体的に示されていた。そこでは「生産調整とは農林水産大臣が定めた米穀の生産目標を基礎とし……農業者ごとに定められた面積の水田で……政令で定めるところにより稲以外の作物の作付その他の方法による米穀の生産活動の調整」（第3条2項）であると規定していた。この制定直後の第3条第2項はその後削除され関係政省令も廃止されているが、ここから当初食糧法で規定されていた生産調整は「国による需給目標の策定」、「国による農業者ごとの配分」（以下「配分」）および「政府の指導援助による目標達成のための取り組み」（以下「推進」）の三つに区分することができる。その具体的な在り方・内容は当然変化するとしても、この三つの機能は米需給対策を推進するうえでは常に必要とされた機能なので、「米政策の見直し」においてもそれに如何に対応するかが課題であるといえる。

当初の食糧法の規定は改訂されているとはいえ、前述したように現行法でも生産調整にかかわる基本的な規定はそのまま存続しており、「米政策の見直し」でも「行政による生産目標数量の配分に頼らず」としていることは、換言すれば「国による需給目標の策定」を前提にしているといえる。そしてこれは食料・農業・農村基本法（以下「基本法」）が「食料の安定供給の確保」（第2条）を掲げ、「将来にわたって良質な食料が合理的な価格で安定的に供給されなければならない」（第2条第1項）とし、この基本理念にのっとり食糧・農業・農村に関する施策を総合的に策定（基本計画）し実施することを「国の責務」と規定（第7条第1項）していることから、食糧法の規定もこれに基づいたものである。

したがって「米政策の見直し」で大切なことは、現行法のこの理念と規定に基づいた対策を講ずることで、前述した米需給政策における三つの機能についてもこうした観点が重要である。その上でまず問題になるのは、「行政による生産数量目標」策定を如何に考えるかである。政府は「減反」を廃止した2018年以降は「生産数量目標」ではなく「全国ベースの需給見通し」を示すとしているが、これを「国の責務」として正しく位置づけるためにも、「全国ベースの需給見通し」という抽象的なものではなく、基本法で規定する「基本計画」に基づいて策定することを今後の検討課題にする必要があるように思われる。

周知のように、「基本計画」では農産物ごとの一人一年当たり消費量、国内消費仕向量の見通しとそのための生産努力目標が示され、米については「米」、「米粉用米」、「飼料用米」に区分されて克服すべき課題も明らかにされている。したがってこれを基礎に「生産数量目標」を策定することが可能であり、また従来の生産調整目標よりその「生産数量目標」は「国の責務」として一層明確になる。

しかも「基本計画」はおおむね5年を目途に策定されるので、一定の年限を限って実施された生産調整の経験も取り入れることも十分可能である。アメリカの農業法も原則として5年ごとに決定されているが、そこで決定されたことはその都度具体的政策として実行されているので、その経験にも学びながら実施することもできるのである。

2「作付ビジョン」の策定問題と課題

「米政策の見直し」の最も重要な特徴は、食糧法制定当時の規定で明記されていた「国による配分」ではなく、「行政による配分に頼らずとも」生産者組織などが「水田フル活用ビジョン」（以下「作付ビジョン」）を策定するよう政策転換したことである。前述したように、生産調整では調整目標だけでなくその「配分」も政府が決定し、一定の指標に基づき行政的に都道府県を通じて生産者個人にまで「配分」されていた。このため当然地域では政府が示した調整目標を達成すべく行政、生産者団体など関係機関が一致協力して取り組んだが、それ故に目標達成を最優先した「強制」や生産者個人の意思を無視した「規制」もあった。近年、生産調整で「生産者・生産者団体の主体性」が強調されてきたのにもそうした背景があったからである。

「米政策の見直し」はこれを転換し、政府は全国ベースの需給見通しとともに産地別の販売実績と在庫などの情報提供だけで、都道府県・地域段階はこれを踏まえ水田作物ごとの「作付ビジョン」を策定し、「生産者、集荷業者・団体が中心となって需要に応じた生産が行えるよう」にするとした。これは前述した生産調整の「負」の経験から「生産者主体」を重視するためにとられた措置であることはいうまでもない。

ただわが国の米生産は多数の小規模生産者によって担われており、しかも米は全国で生産され水田も平場農村、中山間地、都市近郊などその形態と栽培品種は地域により多様である。生産調整で「配分」も政府が決定したことは、こうした小規模で多様な米生産実態に対応するためで、それなしては調整目標の達成が不可能な実態であったことも冷厳な事実である。この状況は現在でも大きくは変化していない実態にあるので、「国の責務」として策定した生産目標を真に実現するためには、こうした多様な実態に基づきながら、地域で自主的に策定する「作付ビジョン」が真に実行されるような新たな推進手法の構築が不可欠となる。

もちろん政府は見直し後においても前述したように、国として需給見通しの情報に加え産地別の需要実績や販売進捗・在庫などの情報を提供し、都道府県・地域協議会が「作付ビジョン」を策定し非主食用米や麦、大豆、地域作物などの作付ができるよう誘導することを課題として掲げている。そしてこうした情報に基づいて地域では主食用米と非主食用米および麦などの米以外の作物をどれだけ作付するかを生産者、集荷業者などが相談し主体的に判断し決定することを目指すとしている。

米の需給調整ではとくに政府によるこうした情報提供は不可欠であるが、政府が情報を提供するだけで実際の「作付ビジョン」策定を主体性重視から現場の生産者・生産者団体に一任しても、「減反」廃止が決定している現在、国が策定した生産目標自体「単なるプラン」であって実行すべき目標ではないと認識され、地域の「作付ビジョン」も実践的課題とはならないことが懸念される。２０１８年後の「需給見通し」では一層その傾向が強くなる危険性が予測されるが、これは「国の責務」で策定された計画が実行されないことを示すもので、国政上の重要問題でもある。

したがって「米政策の見直し」では、まず国の生産数量目標（２０１８年以降は「需給見通し」）自体を都道府県の意向も踏まえて策定し、都道府県・地域協議会の「作付ビジョン」も真に実行される計画となるよう、新たな推進手法と体制の確立が不可欠な課題である。つまり生産調整では都道府県別・地域別目標も国の責任で「配分」されていたが、その「配分」に代わる新たな推進手法と体制を構築することができるかどうかが「米政策の見直し」の「鍵」であると思われる。

（注）

（1）「Council Regulation（EEC）№１０９４／88（１９８８・４・25）

第4章　米需給政策の推進と農協組織

第1節　生産調整からみた農協組織の役割

当初生産調整に反対していた農協組織も食管制度を堅持するうえからも、「行政責任で実施することを前提」にこれに協力することになったことは前述したが、これを契機に生産調整は国の責任で実施されながら推進上で農協組織は中心的な役割を担うことになった。これは食管法上農協組織は指定集荷業者・法人と規定され米流通上重要な役割を果たすことが期待されていただけでなく、米は組合員農家の営農と生活に直接かかわる重要な農産物であり、その需給と価格の安定を図ることは農協としても当然なことであったからである。食管法が廃止され食糧法となっても農協組織のこの役割は変わりなく重要なのはいうまでもない。

これは政府管理の縮減合理化と生産者主体が強調されるにしたがい、生産調整推進における農協組織の役割が一層高まることを意味する。前述したように、とくに1987年から開始された「水田農業確立対策」から生産者主体が強調され、政府権限の縮小がすすめられるようになった。それでも一例として1993年度から実施された「水田農業活性化対策」の初年度の転作面積の配分について

（単位：%）

市町村→農協→農家・集落のルートで配分	配分しない	その他	無記入
6.7	8.4	1.2	0.5
6.1	20.0	2.4	0.8

みると**表４－１**で示したように、農協が関与しない「市町村のみで配分」と「配分しない」は僅か18％にすぎず、１９９４年にはその割合は40％に上昇しているが、それでも60％近くの農協が配分に携わっていたことになる。しかも「市町村のみで配分」や「配分しない」と回答した農協も生産調整に全く関与していないのではなく、「配分」はもとより調整目標達成のため推進上重要な役割を果たしていたのである。これは地域に所在する生産者組織として極めて当然なことである。

　とくに「配分」目標の達成の上では農協組織の現場での取り組みは不可欠であった。周知のように生産調整では転作態様として多様な形態が示され、調整目標を達成するためにはそれへの対応も重要だったからである。生産調整で導入された多様な態様を年度別に示したのが**表４－２**であるが、態様名は同じでも配分目標を達成するためには現場でそれぞれ異なった対応が求められたのである。そしてこれは地域に所在する生産者組織としての農協組織ではじめて可能なことで、生産調整の推進主体と位置づけされていたのもそれ故であった。

　ここで生産調整において農協組織が果たした重要な役割について改め

表 4-1　転作面積配分の方法

年次	農協と市町村の連名で配分	農協と市町損の２ルートで配分	協議会名により配分	市町村のみで配分
1993 年	63.3	1.1	9.8	8.0
1994 年	37.4	1.1	11.0	21.1

（資料）拙著「新食糧法と農協の米戦略」（1995 年 12 月　日本経済評論社）149 ページより引用。
（注）比率は調査農協数に対する割合である。

表 4-2　転作などの態様と導入年度

態様	内容	導入年度
①転作	対象水田における米以外の作物の作付または転換畑、林地、養魚水田、レクリエーション農園などへの転換	1971 年
②土地改良通年施行	土地改良またはこれに準ずる事業を通年施行により実施	1974 年
③水田預託	転作を目的に対象水田を農協などに預託	1978 年
④実績算入	対象水田を稲作以外に利用することまたはこれに準ずること	同
⑤多用途利用米生産	加工原料用米を多用途米として生産	1984 年
⑥自己保全管理	振興山村などで対象水田を常に耕作可能な状態で管理	1990 年
⑦需要開発米生産	新たな需要（非食用）が見込まれる米を需要開発として生産	同
⑧調整水田	対象水田に水を張り水稲の生産力が常に維持される状態で管理	1995 年
⑨多面的機能水田	景観、環境保全など多面的機能が発揮されるような状態で利用・管理	1996 年

（資料）農林水産省関係資料
拙著「日本農政の 50 年―食料政策の検証」（2001 年 6 月　日本経済評論社）141 ページより引用。

て述べた理由は、国が調整目標を「配分」するかしないかにかかわらず、地域で需給動向を踏まえた米生産と水田利用度の向上を図るためには、生産調整で示されたような多様な態様への具体的な取り組みが不可避だからである。そして今後農協組織には地域本位・組合員本位を堅持し、関係組織と協力しこうした課題に応えていくことが強く求められているのである。

第2節　「米政策の見直し」と農協組織

（1）「米政策の見直し」における農協組織の位置づけ

前述したことと多少重複するが、改めて「米政策の見直し」による米の需給政策をみると、各段階別には次のような過程を通じて推進されることになる。まず国は「全国ベースの需給見通し」を策定するとともに、それに加え都道府県別にみた需要実績、販売進捗・在庫状況などの情報を提供する。都道府県・地域協議会はこれを基に「作付ビジョン」を策定するが、その内容は当然国の策定した「全国ベースの需給見通し」にしたがい主食用米の生産量と同時に非主食用米や飼料用米および麦、大豆、地域作物などについての生産誘導目標も示したものが求められている。もちろん地域協議会は都道府県協議会から情報を受けて「作付ビジョン」を策定するが、最終的にはこの地域協議会が生産者に情報を提供し、具体的に取り組むことになる。

こうしてみると「米政策の見直し」では都道府県・地域段階で組織される協議会の役割が極めて

重要となる。政府は2018年以降も農業再生協議会を存続させることとしておりその構成団体は市町村、農協、農業委員会、農業共済組合、担い手農家、集落営農組織などであるが、生産者に正確な情報を提供し「作付ビジョン」への取り組みを進めるうえで、生産者の組織としての農協組織の役割は極めて重要なのはいうまでもない。

もともと農協組織は2015年10月に開催した第27回JA全国大会で「農業者の所得増大」、「農業生産の拡大」、「地域の活性化」の三つを基本目標とし、とくに前の二つを自己改革の重点課題として全農協で取り組むことを決定していた。そして政府が示した米生産調整の見直しにしたがい、「効果的な水田のフル活用」、「低コスト提案の徹底」、「複合経営の推進」の三つを水田農業振興の基本として掲げ、「米の販売主体および地域の調整役としての役割を発揮」することを強調していた。その上生産については需要増大が見込める飼料用米の生産拡大を軸とした水田のフル活用と同時に、流通では卸売業者中心から業務用・加工用など中食・外食実需者のニーズに応じた生産・販売への転換、地域内消費者を対象とした精米販売などの強化を提示していた。

こうした大会決定に基づき、全中は「米政策の見直し」への対応方針と政府の政策支援策についての検討を進めており、全農も生産者、農協組合長、県連・全国連の役職員による研究会を発足させ対応策を検討している。

既に述べたように、「米政策の見直し」は米の需給事情の根本的な変化が背景にあるだけに、地域に所在する農協組織としてはそれに対応した生産・販売対策が強く望まれているが、とくに重要な問題は国の生産数量目標や需給見通しを踏まえつつも「配分」に頼らず、生産者が主体的に策定することとされている「作付ビジョン」問題に農協組織として如何に対処するかである。これは具体的には前述した「米政策の見直し」の推進体制のなかで、生産者組織として本来的な役割と機能をどう発揮するかでもある。

(2) 米政策の転換と農協組織の課題

1重要な地域本位の「作付ビジョン」の策定

「米政策の見直し」に基づき2015年度から「米穀周年供給・需要拡大支援事業」(以下「自主調整支援事業」)が実施され、「生産者、集荷業者・団体の自主的な取組により需要に応じた生産・販売が行われる環境の整備」に向け都道府県段階でも農協、農業生産法人、米卸業者、中・外食業者、食品加工業者、飼料業者、生協などによる需給調整協議会の設置についての検討も行われるようになっている。

そこで重要なのは「米政策の見直し」でまず求められているのは地域における「作付ビジョン」の策定であることから、農協組織として直面するこの課題に如何に取り組むかである。具体的には生産者・地域本位の「作付ビジョン」を自主的・主体的に策定できる体制を如何に整備するかであると換言することもできる。

このことを重視する理由は、農協組織はかって第16回全国農協大会（1982年10月）で「全農協が地域農業振興計画の策定・実践に取り組み、需要に即した生産の推進と土地利用の集積ならびに集団的利用を図る」ことを別途決議したことがあった。これは具体的には全国の全農協が地域の実態に即し生産・販売計画を策定し、これを都道府県・全国段階に積み上げ全国生産・販売計画を策定し実践することを目指すものであった。

しかし結局はこの決議の目的は十分に達成されなかった。それには多くの理由があったが農協組織として生産・販売計画を策定できる専門的能力が組織全体として不足していたことであった。農協段階で策定される農業振興計画自体の問題と同時に、それを都道府県・全国に積み上げるための体制が整備されておらず、積み上げに時間がかかると同時に全国的生産・販売計画として内容的にも十分に耐えうるものではなかったからであった。

もちろんその後農協の営農指導体制も整備され政策策定能力も向上して、地域営農ビジョンの策定実践に取り組む農協も多くなっているが、全国の全農協が「米政策の見直し」でいう「作付ビジョン」を地域で自主的に策定できる実態にあるとはいえないのが現実である。したがって農協法が改定された現在、今後生産者の組織として地域本位の理念に基づいた取り組みを強めるためにも、農協組織が営農指導体制の整備充実を図っていくことが求められている。

この営農指導体制の整備は「作付ビジョン」の策定だけでなく実行にも直接かかわる問題である。「作付ビジョン」自体現場での課題を具体的に掲げ、それを改善するために実行可能な計画として策定する必要があるが、それでもそれを実行しようとすれば地域間・生産者間で異なった意見が生じることも予測される。これは単に国による「配分」だけの問題ではなく米の生産・流通対策の推進に常に伴う問題で、地域で自主的に策定した「作付ビジョン」であっても、それを実行しようとすればこうした多様な課題があることに変わりはない。これは生産調整における転作態様に関して既に述べたことである。

とくに国の助成措置が継続されるとすれば助成額とも関連して多様な意見がありうるので、その調整も必要となる。生産調整では生産者間に反対や意見対立があったにもかかわらず実施率がほとんど全年100%を上回ったのは、こうした多様な形態への対応も含め農協組織による調整への取り組みがあったからである。

したがって米政策が根本的に転換された現在、地域の米生産と水田農業を発展させることを主体的に受け止め生産者組織として自主性を発揮して多様な課題に取り組むためにも、営農指導体制の整備が強く求められているのである。

なおこの自主性・主体性問題は「米政策の見直し」の推進との関係でいえば、それへの不参加としたがって政府の助成も受けず、生産者自身がその選択を自主的に行うことをも意味する。これは生産調整における国による「配分」の強制に対し、生産者の政策参加への「任意性」が強調されたことにも関連した問題である。

前述したように、ＥＵのセット・アサイドは選択の自由を尊重する観点から計画への参加は農業者の任意（当初はOptional。後にはVoluntaryを多く使用）であり、計画は個々の農業者に強制されてはならず、農業者は助成内容をみて参加するかどうかを判断することが基本とされていた。これはアメリカの生産調整でも同じで、わが国でも民主党の戸別所得補償制度は選択制であった。

今後「減反」が廃止されると生産者の自由選択が一層強まるものと予測されるが、この多様化した生産者の意見を統一していくうえでも地域に所在する農協組織の協同組合としての役割が重要となる。農協法も改定されているので、こうした多様化した組合員に対応し、地域住民との連携を強めながら、米需給を含めた地域農業振興に如何に取り組むかは農協組織が問われている基本的な課題である。

2 協同組合の価値と原則に基づいた対応

これまでわが国では農協組織について政府・行政の下請け機関であると批判され、とくに農政では与党自民党との関係や政府・与党・農業団体の三者のトライアングル構造など、政府と農協組織の関係の強さが指摘され、批判されてきた。その象徴が米政策で、生産調整の歴史はそれを端的に示していた。しかし小選挙区制となりその関係も徐々に変化していたが、安倍政権となり最近では官邸主導による生産者・地域の意向を無視した新自由主義による財界・大企業主導の政策が策定・推進される構造が強まっている。農協法改定やTPP合意はそれを象徴しており、最近の農政に対する不満と不安が生産者（団体）の間では強くなっているが、「米政策の見直し」もこうした一連の政策の一環なのはいうまでもない。

ただそれにもかかわらず「米政策の見直し」そのものは地域農業に大きな影響を与え農協組織にとっても重要な課題なので、これに如何なる観点から対応するかが問われることになる。そしてここで強調したいのはその際重要なことは、農協組織が協同組合の価値と原則に基づいた本来の協同組合としての取り組みを追及することである。

１９９５年にイギリス・マンチェスターで開催されたＩＣＡ１００周年記念大会で決定された「協同組合のアイデンティティに関する声明」では、「協同組合は自発的に手を結んだ人々の自治的な組織である」と定義し、民主主義、平等、公正などとともに「自助、自己責任」を価値の基礎とすると規定した。そしてこの価値を実践するための指針として7つの協同組合原則を掲げたが、その一つに「自治と自立」があるのは周知の通りである。この「自治と自立」原則は１９３７年のＩＣＡパリ大会で決定された「政治的・宗教的中立」原則に代えて規定されたものであるが、その理由は「中立」という言葉は「受動性及び無関心という含蓄をもっているから」であった。

その後さらに協同組合（人）は協同組合の価値と原則の実現に努めるだけでなく世界の戦争、貧困、飢饉、環境などにも無関心であってはならないことが重視され、ＩＬＯの「協同組合の振興に関する勧告」（２００２年）でも政府に対しこうした協同組合活動に対する支援措置の導入を求めた。この勧告は均衡のとれた社会では公共セクター、民間セクターとともに協同組合などの社会的セクターが必要であるとし、均衡のとれた社会を目指し協同組合の価値と原則に導かれた政策の実行を政府に求めたものであった。

すでに１９８０年に開催されたＩＣＡモスクワ大会でレイドロウは協同組合地域社会の建設を提示していたが、こうした協同組合の国際的な最近の動向から、わが国においても農協組織が取り組むべき課題に均衡した地域社会建設もあることを改めて強調したい。

これを「米政策の見直し」に関連していえば、農協組織は行政など関係機関との連携を維持・強化しながら生産者・地域本位の政策の策定と実行に努めることであるが、それは換言するとこれまでの行政の下請け機関であるとする批判に応え、協同組合の価値と原則に基づいた取り組みを強化することである。もちろんそのためには国の政策に「受動的で無関心」であってはならず、必要に応じて意見を表明することでもある。つまり農協組織が行政などと連携すること自体が問題なのではなく、本来的な協同組合としての取り組みを行っているかどうかが問われるべき問題なのである。そして「自治と自立」の原則に基づき本来的な協同組合としての取り組みの強化こそが、協同組合の否定にも通じる農協法改定などの最近の農政の動向に抗し、協同組合を地域から再生することにもなるということができる。

一部には農協組織が行政と一体になって地域農業政策を推進していること自体に対し、協同組合の在り方として批判する意見もみられる。しかしレイドロウ報告でも協同組合地域社会建設に関し総合農協を高く評価したように、わが国の協同組合には歴史的にみても「組合員」と「地域」の二つの課題に取り組んでいるという特徴がある。前述した批判は「地域」問題にかかわりなく「組合員」にかかわる販売組合としての特徴をもつ欧米の協同組合だけが念頭にあり、わが国の協同組合のこうした特殊性を理解せず、協同組合をも正しく認識していない意見である。

「米政策の見直し」はこれまでの政策の根本的な転換であるだけに、この転換期に際し農協組織が協同組合の価値と原則に基づいた取り組みを強め、生産者・地域の期待に応えて発展できるかどうかが問われている。もちろんこれは困難で長い過程であるがそこにこそ農協組織の未来があるからである。

【著者略歴】

北出 俊昭［きたで　としあき］

1934（昭和 9）年　石川県生まれ
1957（昭和 32）年 3 月　京都大学農学部卒業
1957（昭和 32）年 4 月　全国農業協同組合中央会入会
1983（昭和 58）年 3 月　同上退職
1983（昭和 58）年 4 月　石川県農業短期大学　教授就任
1986（昭和 61）年 3 月　同上退職
1986（昭和 61）年 4 月　明治大学農学部　教授就任
2005（平成 17）年 3 月　同上退職
農学博士

〔近著〕（米・食料関係）
『日本農政の 50 年―食料政策の検証―』（日本経済評論社　2001 年）
『転換期の米政策』（筑波書房　2005 年）
『食料・農業の崩壊と再生』（筑波書房　2009 年）
『農協は協同組合である』（筑波書房　2014 年）

米の価格・需給と水田農業の課題
―「減反」廃止への対応―

2016 年 8 月 31 日　第 1 版第 1 刷発行

著　者◆北出 俊昭
発行人◆鶴見 治彦
発行所◆筑波書房
東京都新宿区神楽坂 2-19 銀鈴会館 〒162-0825
☎ 03-3267-8599
郵便振替 00150-3-39715
http://www.tsukuba-shobo.co.jp

定価はカバーに表示してあります。
印刷・製本 = 平河工業社
ISBN978-4-8119-0491-7　C0033